人生的智慧

做个有出息的青少年

赵磊◎编著

中国纺织出版社有限公司

内 容 提 要

人生在世，我们都想要掌握让自己快乐和幸福的秘诀，然而，这把钥匙就掌握在我们自己手里。我们生活在纷繁复杂的世界里，每个人都应该学习一些人生的智慧，通过自己的双手掌握命运、创造幸福。

本书着眼于引导广大读者把智慧融进生活，深入浅出地为我们指出如何提升自己、修身养性，如何经营自己的人生，让自己获得幸福的生活。

图书在版编目（CIP）数据

人生的智慧／赵磊编著. --北京：中国纺织出版社有限公司，2020. 9（2023.5重印）
（做个有出息的青少年）
ISBN 978-7-5180-7430-3

Ⅰ. ①人… Ⅱ. ①赵… Ⅲ. ①人生哲学—青少年读物
Ⅳ. ①B821-49

中国版本图书馆CIP数据核字（2020）第079305号

责任编辑：张 宏　　责任校对：韩雪丽　　责任印制：储志伟

中国纺织出版社有限公司出版发行
地址：北京市朝阳区百子湾东里 A407 号楼　邮政编码：100124
销售电话：010—67004422　传真：010—87155801
http: //www.c-textilep. com
中国纺织出版社天猫旗舰店
官方微博 http：//weibo.com/2119887771
永清县晔盛亚胶印有限公司印刷　各地新华书店经销
2020年9月第1版　2023年5月第2次印刷
开本：880×1230　1/32　印张：6
字数：108千字　定价：48.00元

前言

有人说，世界上最难得到也最容易得到的东西，就是幸福和快乐，快乐不需要理由，不快乐却有无数借口。获得快乐是一种能力，也一种智慧。我们穷其一生在追求的，也就是快乐二字，然而，世间的痛苦和快乐没有被操纵在别人的手里，而掌握在我们自己的手中，我们是自己的幸福的决定者。我们怎样看世界，世界就是什么样子。若以爱心来看世界，那么这个世界到处充满了爱；我们若以愤懑的眼光来看世界，那么这个世界就是个怒火焚烧的地狱。

犹太人曾有这样的圣训："智慧是任何人都抢不走的。我们任何人一个人，对于幸福和快乐，从未停止过追寻，但只有那些真正智慧的人，才能真正得到幸福。"我们认为的幸福和快乐，其实是一种内心安宁、淡然的感觉，如果你内心感觉幸福，那么哪怕生活再清苦，人生再不顺，你也能微笑面对，否则的话，再奢华的生活也换不来我们的开心一笑。

的确，影响我们人生的绝不仅仅是环境，更重要的是心态，因为心态掌控了人的行动和思想，也决定了我们内心是否平静和快乐，我们是否感到幸福，并不是取决于我们身在何处、拥有何物或因为我们是何人，而是取决于我们的心态，也就是我们是如何看待周遭的人、事、物，心态积极，就会拥有积极的人生。

然而，我们都是世俗中的人，要做到这点并不容易，生活太琐碎、工作太忙碌、人际交往太复杂，太多的抗争因素，使得我们的心变得焦躁不安。我们也在努力尝试各种方法，然而，我们需要的并不是那些技巧，只需要以一个局外人的身份、以一种不带任何偏见的眼光审视自己，这就是获得幸福的全部秘密。

通过技巧调节自己的心理，不如寻找一个心理调节导师，他能引导你抛开世俗的烦恼、帮你发现并接受最本真的自我。而本书就是这样一位导师，跟着它的脚步走，你会逐步找到自己在尘世中的坐标，让自己的心有个归宿。

本书从生活、工作、 情感、学习等诸多方面入手，针对我们所遇到的每一个问题进行全方位的阐述和建议。阅读完本书后，相信你会有所收获，也能清除掉那些干扰你前进的心灵污垢，无论外在世界发生了什么，都能以一颗淡然的心来面对，都能做到不骄不躁、得失淡然、去留无意、荣辱不惊，相信此时，你就会真正掌握了幸福人生的全部秘密。

作者

2020年1月

目录

上篇 迷茫青春，心有所依

下篇　定心修身，静听时光温柔

上篇 迷茫青春，心有所依

第1章 迷茫的青春之路，关键要找到心灵的栖息之所

这个世界有那么多的诱惑，只有保持自己独特的信念，你才不会迷茫。成熟的人懂得哪些是自己应该坚持的，对于成功他们总是有自己的一套想法，而从来不会被繁华和诱惑俘虏。因此，无论是否成功，他们总是最阳光、最乐观的人。只要有思路，相信命运掌握在自己手里，并为此而拼搏，那么是否成功，以及怎样看待成功，就不再是一个问题，而是一个答案、一种信念。

无论往哪里走，你都要有自己的步调

年轻人生活在浮华的尘世之中，难免会被一些尘世中的俗事和杂念影响自己的思想和观念，难免会感到迷茫。当今这个时代，是一个各种价值观念充斥耳边，各种思想并存的时代。面对这一切，我们极容易对自己从小树立起来的价值观产生动摇，也极容易感到茫然无措。这一切并不是年轻惹的祸，也不是年龄可以解决的问题，一个人是否清醒取决于他的信念和意志，取决于他是否有主见。面对浮华的尘世，有自己的主见，

不人云亦云，不盲目攀比，才能够更成熟，从而更容易成功。

30岁以前，很多年轻人往往被短期利益蒙蔽了自己的视野，做出一些错误的，对自己人生有害的判断。只有坚定的信念才能让年轻人避免短期利益的诱惑，从而看得更高、更远。在这个世界上，总有这样或那样的诱惑，而又总有各种荒谬的、不堪一击的理由来支撑这样或那样的诱惑，使它外表上变得无懈可击。难道人们真的不知道它是错误的吗？难道不知道这些会造成严重的后果吗？答案是否定的，但人们却总是心存侥幸。比如，贪污受贿，再比如前些年影响十分广泛的一些传销活动。人们一开始可能真受了蒙蔽，那是因为唾手可得的短期利益蒙蔽了他们的眼睛；也可能是那些狂轰滥炸的“金钱至上论”“只要你成功了，谁管你的钱是怎么来的”等理论，让人们觉得那可能就是真的，觉得可以侥幸成功。

面对让人眼花缭乱的各种诱惑，现在的年轻人也有着自己的优势。他们有学问、学历及能力，可以凭着自己的真本事闯出一番事业。但同时，年轻人也有着自己的迷惑：为什么别人年纪轻轻就自己创业，而我却要忍受领导的脾气和别人的嘲笑？为什么别人可以拥有那么好的职位，而我却得在这个破公司里窝着？为什么别人可以买房、买车，而我却必须忍受拮据的生活？为什么别人不过每天盯盯股市，就可以潇洒度假，而我却要拼死拼活地工作？为什么别人凭着与领导的私交就可以升职，而我却要忍受窝囊气？

人和人是不一样的，你在羡慕他的同时，别人也在羡慕你。你只了解自己受的气，只觉得自己委屈，可却没尝过别人担惊受怕，或者背后挨骂的滋味。每个人都有两面，有的人表面看起来风光无限，可背后却充满着泪水；有的人表面看上去含辛茹苦，可他却乐在其中。如果只看到事物的表面，对尘世的浮华表面就羡慕、嫉妒了，那你遭遇痛苦的可能性就会非常大。

不要迷失自己，可能你对这个世界有太多不确定，但至少有一件事是可以确定的，即付出多少就会收获多少。只要你做的事是人们所承认的，能够为他、为社会创造价值，你就会受到人们的尊重；只要你足够地努力，最终就能收获成功。不管社会上信奉怎样的价值观，不管那些价值观看起来有多诱人，年轻人都应该有自己的思想和主见。

两个人凭什么不同？是凭着他们的思想。对于各种事情有自己的主见，有自己的一套见解，往往会使一个人变得与众不同。不同的观念就是一个人胜出的关键，为什么股市上大多数人都在赔钱，而只有少数人能够一夜暴富？因为，大多数人都在跟风，都在听所谓专家的话，对于自己选的股票没有自己的见解，而只有少数的人会有自己的见解，对于股票的价值有自己的衡量，所以他们自然会“稳赢”。

对于任何事，都要有自己的主见。30岁以前，大多数人往往是不成熟的，容易模仿别人，也容易受到周围人的影响，从而变得爱攀比、爱炫耀以及爱追逐一些所谓的时尚。现在的年轻人，一般不太可能真正达到心智成熟，毕竟二三十岁还有很多待改变的地方，因此要根据自己的特质，跟优秀的人在一起，并不断坚定自己的信念，从而免除因为幼稚而犯下荒唐的错误，也可以避免迷失自己。

有自己的主见，有自己的追求，不轻易被迷惑，不摇摆不定，并且保持头脑清醒，坚持自己的信念，你才可能更快地走向成熟。

有清晰的人生思路，就有出路

年轻时找不到人生的出路，并不是一件可怕的事。要求30岁时，就拥有怎样辉煌的成就、怎样令人羡慕的地位，是不现实的。

人们都说苦难使人早熟，而现在二三十岁的年轻人都是80后，他们中的不少人从小在蜜罐里长大。一个总是在幸福呵护中长大的年轻人，迷茫、缺乏方向感以及不懂得怎样实现自己的价值是必然的。目前，社会正处在一个转型期，各种价值观念发生着碰撞，就连四五十岁的人都可能会有迷茫感，更何况是二三十岁的年轻人呢?

不过迷茫、找不到出路并不可怕，只要你有着自己的信念，有着明确的思路，迟早会找到自己人生的出路。可以说，现在的大部分年轻人是比较清醒的，对自己的前途也有着期待和规划，尽管这种规划还处在相当模糊的阶段。想一想以前未受教育的年轻人，他们二十几岁的时候只不过是懵懵懂懂地过日子，谁懂得去规划自己的未来呢？

有人说80后是“失梦的一代”，失去梦想，满眼现实。有梦想是好事，但重视现实又有什么不对呢？为自己的将来规划一个可期的、现实的、明确的目标，不是比梦想更重要的一件事吗？为自己的将来寻找一条出路，不是每个人必须要有的意识吗？现在开始，年轻人就可以思考自己将怎样成功，因为只有个人有明确的思路，个人才能成功，集体也才能壮大。

年轻时，你一定要弄清楚自己可以做什么，很多年轻人之所以一事无成，是因为他们有着太多的选择，有着太多的目标，太贪心，反而一无所成。想做什么是一回事，能做什么是另一回事。一个人能做的事情，能在哪个领域获得成功，其实是非常有限的。看看你的父母是做什么的，看看你受过的教育是哪方面的，看看你的兴趣、天赋在哪儿，这些就是你可能做的事情。

比尔·盖茨从小就对计算机软件感兴趣，大学就读于哈佛大学的计算机专业，最终他的出路就在计算机领域；毛泽东的父母都是农民，但他遇到了陈独秀，因此走上了革命的道路；李嘉诚他从成年开始就处在受雇和雇用别人的环境中，因此他成为了一个商人；杨振宁的父亲就是物理学家，因此他从小耳濡目染，自然选择了物理学领域……

你在一个怎样的家庭中成长？你最熟悉哪个领域？你在学校受到了怎样的专业教育？你的天赋在哪里？你工作后遇到了哪些贵人？从这些因素中就能够找到你最终的出路，找到你最适合在哪个领域工作。成熟的人懂得用最短的时间弄清楚自己可以做哪些事，最擅长做哪些事，然后从这方面寻找契机，不断努力。

找到适合自己的路，就在这条路上走下去。在不同的行业或完全不交叉的职业中，转来转去，跳来跳去，是对人生最大的浪费。在自己选定的领域中坚持下去，你最终就能走到事业的顶点。

现在就想一想，你事业的顶点在哪里？你可能达到吗？对于你来说自己的人生顶点在那里，你是否满意？如果答案是否定的，那你必须对自己的职业再考量，或者寻找自己比较熟悉的交叉领域作为人生的顶点。

阿西莫夫是一位科普作家，也是一位自然科学家。他的成功就得益于对自己的再认识，想清楚了自己可能达到的事业顶点。一天上午，当他坐在打字机前打字的时候，突然意识到："我不能成为第一流的科学家，却能够成为第一流的科普作家。"于是，他把自己的全部精力都放在了科普创作上，终于使自己成为当代世界最著名的科普作家。

海岩曾经是个警察，也是个商人，然而令他达到事业顶点的却是他的文学作品。为自己的职业谋划一个可能的开阔前景，会对你的人生有更大的帮助。

一个人，只有对自己的人生有明确的规划，才有可能成就伟大的事业。那些今天想这样做，明天想那样做的人，他们的思想都是非常幼稚和混乱的。清楚自己可以做什么，清楚自己人生可以达到的高度，才是一个人成熟的表现。如果鲁迅没有写文章，那么世上就少了一个伟大的作家；如果达尔文没有进入生物界，那么进化论就要晚上几十年甚至几百年；如果爱因斯坦致力于做一个小职员，那么物理学就要落后几百年。

清晰的人生思路，比现实的出路更重要。清楚自己能够做什么，将要怎样实现自己的人生价值，一个人才能变得成熟。

现在的方向，决定了你未来的命运

30岁以前，年轻人总会有很多改变自己命运的机会。也许是一次不经意的交谈，也许是一次进修，也许是一次研究生考试，也许是自己一个微不足道的想法。总之，有那么一次偶然，也许命运的轨迹就会向着完全不同的方向划去。很多人都管这些叫做命运，其实，除了偶然的因素之外，人根本的命运在于自己的努力。机遇会在每个人面前出现，然而只有勇气与眼光兼备，才华与能力都积累到一定程度的人，才能够抓住它。

年轻人处在事业的起点，但要积极地寻找人生的拐点。人生就像一座迷宫，只有找到属于自己的那个拐点，你才可能走出迷茫，到达生命中的成熟境界。

很多时候，人们总是在众多的拐点处迷失自己，以为前面有一条笔直的大道等着自己。实际上，这条路没有多长，还是个死胡同。不过，要相信自己以前走过的那些并不是冤枉路，如果没有试验过那些路能不能走通，那你怎么知道哪一条才是属于自己的路呢？人生最可悲的是在重复的道路上绕来绕去，以为自己走过了很长的路，其实不过是在原地绕圈子。

不少人，一直都在人生的迷宫中兜兜转转，到生命的终点都没有弄明白自己到底迷失在哪里，自己到底错过了什么。寻找自己人生的拐点，并不是一件简单的事，需要足够的勇气和经验，需要高明的眼光和果断的判断力，需要果断地拒绝一些不适合自己的诱惑。当人们选择了一些东西时，就拒绝了一些看起来同样美好的东西，也许会因此而惋惜，却不用后悔。

哪些才是适合我们的命运的拐点？机会时时处处都会出现，但显然有一些机会并不属于我们。就像在迷宫里，处处都会出现拐点，可那些并不都是通向出口。当我们挤破了头，抢到了一个机会的时候，也许会突然发现，那不是命运的拐点，而是一个陷阱。比如，他和三个同龄人一起进入了一个日企，可是注定要淘汰两个竞争对手。于是，平时懒散的他破天荒努力起来，当然，最终他胜出了，可就在同时，他却陷入了两难境地：一是他的性格与那家企业的文化格格不入，他总是要非常谨慎、高度紧张，才能不犯错误，因此对他而言，几乎每天的工作都变成了一种煎熬；二是那份好不容易争取来的工作，对于他就像块鸡肋，待遇还可以，但发展前景并不好。退出吧，觉得是自己好不容易才争取来的；继续吧，实在没有多大价值。

很多时候，年轻人常常因为一时的冲动，或者因为有竞争，才觉得某个位置无限美好。事实上，仔细观察清楚，才能发现它并不是那么诱人。比如，一位老农把喂牛的草料铲到一间小茅屋的屋檐上，看到的人不免感到奇怪，于是就问他："为什么不把草料放在地上让牛吃？"老农却回答说："这种草料草质不好，我要是把草料放在地上，牛就会不屑一顾；但是我把草料放到让牛勉强能够得着的屋檐上，它就会努力去吃，直到把全部草料吃个精光。"不可否认，很多时候，我们就像那些牛，总觉得自己努力争取到的才是最好的。

很多时候，面对外界那么多的诱惑，要学会分辨，哪些才是适合自己的人生机遇，哪些不过是人为伪装出来的陷阱。要知道，在很多情况下，表面风光无限的东西，都可能是炒作出来的，其原料也许只是一堆垃圾。

年轻人处在事业的起点，连做梦都会想一个好机遇突然降临在自己身上，但当你突然遇到这样的机会时，希望你睁大眼睛，看清楚那是一个肥差，还是一根鸡肋，而不要盲目地去争取。但是，当遇到真正适合自己的人生机遇时，希望你果断地抓住它。抓住机遇其实很简单，当你的努力到了一定程度的时候，自然就有适合你的机会降临在你身上，但是在这之前，你只要具备足够的能力就好了。当然，展示自己的能力，让人看到你的才华也是积极创造机遇的方式之一，但年轻人千万不要忘记，你最重要的任务，其实就是做好自己应该做的事。

在现实生活中，很多事例都会告诉人们抓住机遇，但很多人却忘了在抓住机遇的同时，还要躲避诱惑和陷阱。很多年轻人都在东张西望中错过了适合自己的机会，如果一个人整天忙着捕捉机遇的话，常常会忘了自己的正事。因此，大家在人生的迷宫中，不要逢弯就拐，而要在找到真正属于自己的命运的拐点后，再去做转弯的尝试，只有这样才能让自己的命运走上一条上升的道路。

为自己寻找职业定位，工作不能禁锢你的人生

年轻时，人们总是希望自己找到一条可以迅速到达理想境界的道路。于是，人们不断地给自己做人生规划，做职业定位。然而，“欲速则不达”，大家常常会发现自己的职业定位

禁锢了自己的思想和发展方向，使自己的人生走入了僵局。这就像下棋，每个人都有自己的套路，有人喜欢第一步拱卒，有人喜欢首先飞象，然而面对不同的对手，如果使用同样的套路，那你只能输棋。

人生就像棋局，形势时时刻刻都在变化，如果不能随时调整自己的前进方向和前进速度，你的人生就有可能出现偏差。年轻人一定要有自己的职业定位，以确保一个正确的前进方向。对于人生来说，最大的悲剧就在于没有方向感，茫然地前进，即使到了自己的生命终点，也不知道自己想达到一个什么目标。

不管对自己的职业定位是否正确，是否准确，你都应该有一个职业定位。因为，这是你前进的动力，会让你对自己的人生有方向感，有种自己的人生尽在掌握之中的感觉；这决定了你此刻有着清晰的思路，无论对错；这可以帮你养成一个良好的习惯，即先计划再做事，并在实施过程中一阶段一阶段地完成任务；同时，这可以带给你一种成就感，会使你有一种成功的愉悦，促使你不断进步。并且，如果在既定好的职业定位中感到吃力，或者发展到了尽头，或者你所从事的职业注定要被历史所淘汰，或者你有一个更好的机遇并且更适合自己，那么对自己的人生进行再规划也是必要的。对自己有更清醒的认识，随时调整自己的前进方向，能够帮助你达到更高的人生境界，帮助你看得更广阔，发展得更快。

杨澜在讲述自己的成功史时，常常谈到这样一件事。当时，杨澜是《正大综艺》的主持人，获得了非常大的成功，可以这样说，如果一直定位在主持人这个角色上，她的职业人生也算是成功了。就在这时，她遇到了人生中的转折——正大集团的总裁谢国民从泰国来到中国，并在吃饭时与杨澜进行了一次沟通。他觉得杨澜应该去国外，进行学习和深造，开阔自己的眼界，并且获得必需的知识。这样的话，她的人生会有更好的发展。正是这一次谈话，使杨澜进一步认识了自己，并在谢国民的帮助下到国外留学去了。从此，她在传媒业走到了更远、更广阔的地方。后来，每当她谈到自己的人生选择时，都会重复这样一句话："我始终觉得一个节目没有一个人重要。"

职业定位不是静态的，而是动态的，如果自己的能力已经发生了重大变化，有了很大的发展和进步，或者工作生活环境发生了重大变化，就需要重新定位自己。时时刻刻审视自己取得了哪些进步，看看自己目前的定位是否已经不适合自己了，是否需要一个更高远的目标……这些对于我们实现自我价值都是很重要的。

定位并不是确定一个固定的位置，而是确定一个或多个目标。当然，这些目标最好在一个方向上，然后用最简洁的方式去接近这些目标。职业定位，定位的是接近路线，而不是你的人生，被工作束缚住，被自己的定位束缚住，不能自主，则是定位的最大误区。这就像你要去远方摘一个苹果，结果千里而来发现树上结的是桃子，难道你要空手而返，而不是顺手摘一个桃子吗？

时刻以自我价值的实现去衡量你的那些职业定位，可以让自己不被职业规划所误导，把握住更多的机会。

孕育成功的种子，发出你自己的光辉

不少年轻人总喜欢说："是金子在哪里都会发光。"可是，大家也要承认，大多数的年轻人都不认为自己是"金子"。大多数的年轻人并不是生下来就具有某种天赋，但只要通过自己的勤奋，就可以发挥出最大的能量。这就像种子，只要有合适的土壤，它们就能够生根发芽，开花结果。

一个人如果总抱着"是金子在哪里都会发光"的心态，就难免会骄傲自大，不屑于那些平凡的工作，抱怨没有伯乐来赏识自己这匹"千里马"，觉得自己怀才不遇，渐渐地就会变得消沉，这时候就算你真的是一块金子，也会蒙尘，从而更加不会被人发现和重视了。现在的一些年轻人往往心高气傲，总有一种优越感，而且越是学历高、学习成绩好的往往越是骄傲。其实，如今，不用说受过高等教育的人越来越多，就算是"海归"也随便就能碰到，因此一个人过去所受过的教育并不能说明他就是一匹“千里马”。

就业就像将一盘原本下到输赢已定的棋局被一下搅散，重新开局。这时，决定胜负的并不是你原来取得的成绩，而是你以后需要做的努力。

你的社会地位和原来的成绩可能在就业之路上起到一定的作用，但它们的作用是有限的，最终只能取决于自己的努力。把自己当成一块等待发现的金子，等于把自己的命运交到了别人的手里，把自己的前途寄托于一双能够发现你的眼睛，这样的心态，你觉得有可靠的前途吗？

年轻人应该安下心来，把自己当成一粒未发芽的种子，只要有适合自己的土壤就能够长得枝繁叶茂。著名的杂交水稻之父袁隆平有一句名言：“人就像一粒种子，健康的种子，身体、精神、情感都要健康。我愿做一粒健康的种子！”金子有再多的光芒，价值终究有限，而健康的种子则代表了无限的可能。这个世界上不可能到处是金子，然而每个人都能通过自身的努力当好一颗能够生根发芽的种子，从而为这个世界增添价值。

金子的高明在于它的价值，种子的高明在于它的潜力。金子之所以有价值，之所以昂贵，完全是它的自身条件决定的。金子本身没有任何价值，但因为它储量少、体积小、密度高、难分割，才能够担当交换价值这一角色。这就像某些天才，因为天生拥有异于常人的天赋，比如对数字、语言或其他方面有非常高的敏感度。可是，这个世界上天才毕竟是少数，即使天才也需要勤奋努力，才能取得一定的成就。

微软公司曾有一个非常有名的应聘故事。说一个人学历并不高，心血来潮之下去微软应聘。人事部主任问了他几个有关软件方面的问题，这个应聘者对此一无所知。对此，人事部主任摇了摇头。第二天，他又去应聘，回答了昨天的几个问题，但这次，人事部主任又问了几个更深层次的问题，他又无法回答。不过，第三天，他又来了，回答了这几个问题。如此反复几次，招聘人觉得非常奇怪，问他为什么不现场回答问题呢，他说自己对这些并不熟悉，都是临时学习的。微软公司最后通过会议，决定录取这个应聘者，理由是“IT业是一个变化非常迅速的行业，需要非常高的学习能力。而这个人的学习能力非常强，因此他的潜力是无限的”。

谁都无法确定自己是否是一个天才，但只要足够用心，你会发现自己的潜力是无限的。

种子心态比金子心态更重要。美国通用汽车公司的一位人力资源负责人曾经这样说：“我们在分析应征者能不能适合某项工作时，经常要关注他对目前工作的态度。如果他认为自己的工作很重要，对工作很认真负责，就会给我们留下很深的印象。即使他对目前的工作不满意也没有关系。为什么呢？因为，如果他认为目前的工作很重要，那他对下一份工作也会抱着认真负责的态度。我们发现，一个人的工作态度跟他的工作效率有着很密切的联系。”

如果一个年轻人，对环境和薪金不能使自己满意的工作，都十分地负责任，丝毫不会马虎，那么对于各方面都满意的工作，他就会更加用心。这就是种子心态，“人就像一粒种子，无论环境好不好，土壤是否适宜，他都会发芽，都会更茁壮地成长，这就是种子的价值所在”。如果年轻人都抱着这种态度做事的话，那么他就能很快被生命中的伯乐所发现，从而实现他的价值。

第2章　追随自己的想法，终有一天你会赢得成功的青睐

三十岁之前，你可能还没有取得成功，不过这并不重要。对于一个年轻人来说，想要马上就有什么样的成就是不现实的，重要的是你有什么样的想法。想法和观念决定了你会有什么样的行动，最终会有什么收获。重视自己拥有的，并不断为自己的人生寻找出路，才会取得非凡的成就。重视成长的过程，重视其中自己的收获和经验，才可以把自己的人生带向自己希望的地方。

每一次失败，都在为成功积蓄能量

一个成熟的人总是会拉近自己与成功的距离。当他想要获得成功的时候，他的想法和情绪都会帮他积攒正面的力量。因此，成熟的人不会让失败的挫败感长时间影响自己，而会让自己的目光尽快地回到失败带来的积极力量上面。

想要成功就不能总盯着阴暗面，成熟的人无论在任何情况下都会一分为二地看待问题，从而把更多的精力放在一件事情积极的、有建设意义的一面。此观点可以让我们永远为事情找

到出路，找有利于成功的因素。走在迷宫中，如果一条路没有走通，变成了死胡同，你在此嗟叹伤心，恐怕既浪费了时间，又让自己心生沮丧；如果能够从好的方面想，这未尝不是一个机会，又检验出一条路不通，那么可以通向外面的路的选择范围又缩小了很多，这就是一件振奋人心的好事。

看事情的角度不同，我们面前的世界就会不一样，我们能够走出的人生之路也不一样。如果总盯着人生中那些阴暗面，总盯着那些挫折，我们就会变得颓废，得过且过，只要不摔跤就好了，那么我们离成功就更远了。要知道成功是一条布满荆棘的路，路上的荆棘扎疼了你，是因为你走对了大方向；如果自己走的是一条坦途，那么路上没有失败，但最终也没有山峰，更没有成功。很多一生平顺，但没有大成就的人走的就是这条路；而那些最终成就大业的人，注定要磕磕绊绊。因为要求完美，所以遭受痛苦；因为痛苦，所以最终完美。

想要成功，你就不能总盯着阴暗面，无论是自己情绪的阴暗面，还是这个社会的阴暗面。失败的原因固然有自己的，也有社会的，但总之还是自己的，如果自己对社会的某些潜规则不知情，无意中触犯了某些规则，那么就算自己失败，也是注定的，而你不能因此就怨天尤人，抱怨社会的不公平。你应该找出合理处世的规则，设法把那些阴暗面为我所用，只有这样才会对你的事业有所帮助。

社会对于每个人都是公平的。当你摔了跤，就知道人生路上的陷阱在哪里，从而使自己的人生有了很大的进步。摔跤是一种经验，不仅能够让你在这条路上避开类似的陷阱，还会在未来的道路上帮助你甄别机遇和陷阱，让你变得更加谨慎、理智。学会寻找事物的规律和处世的规则，并使这些成为自己的收获，将在未来的考验面前帮助自己。

我们应该趁着年轻，多多进行各种各样的尝试，不要害怕摔跤、失败，因为失败不过是人生之路上的一段低谷。经过这个阶段，我们就可以到达自己想到的地方，然后继续前进。当你度过这个阶段，就知道它没有什么了不起，只是一个让你增长才干的机会。人生只有失败过才懂得成功的真正意义。从失败中爬起来的人，才能够真正屹立不倒。

失败中蕴藏着巨大的机遇。如果你能够从正面看待失败，不被打倒，说不定就会“柳暗花明又一村”。我国古代的哲人很早就提出“祸福相倚”的说法，并认为“塞翁失马，焉知非福”，而外国也有“上帝为你关闭了一扇门，必定会为你在别处开一扇窗”的谚语。由此可见，失败并不都是坏事，如果能够挺过去，接受教训，并因此到别处寻找机遇，说不定又会另有一番局面。

年轻人不要悲观，年轻时总是失败并不可怕，因为你还有“翻盘”的机会。不要总看着阴暗面，而要努力拼搏、接受教训、总结经验，也许成功就在前面等你。

坚信你是最优秀的，你就能做出优秀的成绩

一个人有没有本事是怎样界定的呢？无非就是他手中掌握着什么。每个人都有自己的特长，只不过自己没有发现而已。年轻人说自己没有本事，无非是认为自己年轻没有历练过，学历低，甚至比别人的头脑慢一点等，除此之外还有别的吗？要知道本事这种东西所包含的意义是极广的。

也许你并不聪明，但你确定自己的运动细胞也不好吗，还是动手能力也比别人差，还是不会与人交往，没有专注力？一个人不可能一无是处，当你觉得自己一无是处，是因为你还没有发现自己的特长在哪里，而并不说明你没有特长。正如法国雕塑家罗丹所说的那样：“这个世界并不缺乏美丽，而是缺少发现美丽的眼睛。”一个人一定要仔细寻找自己的特长在哪儿，哪怕是一个小小的特长。

大仲马在成名之前，穷困潦倒。有一次，他跑到父亲的老朋友那里，请他帮忙找工作。父亲的朋友问他：“你能做什么？”

“没有什么了不起的本事。”

“数学精通吗？”

“不行。”

“懂物理吗？或者历史？”

“什么都不知道，老伯。”

“会计呢？法律如何？”

大仲马满脸通红地说：“我很惭愧，不过现在我一定要努力补救自己的这些缺点。相信不久之后，我一定会给老伯一个满意的答复。”

可是，他父亲的朋友对他说：“可是你要生活啊。将你的住处留在这张纸上吧。”大仲马无可奈何地写下了他的住址。他父亲的朋友见了大仲马的字后，高兴地说：“你的字写得很好啊！”大仲马备受鼓舞，从此以后就坚定地踏上了文学之路，并最终成为一代文豪。

人一定要努力寻找自己的特长，哪怕这个特长是微不足道的。因为，它是你信心的源泉，是你走向成功所握有的唯一武器。不要说自己没有本事，那是因为你还没有找到，在这个世界上，谁都不会一无是处，只有善于挖掘自己的“宝藏”，才能创造奇迹。

不但如此，本事这件事并不是固定的。现在的你一无所长，并不等于将来的你也会一无是处。只要有足够的努力，每个人都可以拥有自己的一技之长，现在也许你不如别人，但只要你每天都能进步一点点，很快你就可以超越别人，甚至成为一个很优秀的人。

不少有大成就的科学家，在小时候都因为笨而被别人嘲笑过。比如，爱因斯坦小时候动手能力很差，一个小板凳都能做三遍还非常粗陋；诺贝尔化学奖得主奥托·瓦拉赫曾被老师评为“不可能有前途”，大多数人都觉得他成才无望；卡耐基也曾被评为“公认的坏男孩”，连父亲都评价他是“全郡最坏的男孩”。可是，最终这些人都通过自己的努力而成为世界上的顶尖人物。

所以，没本事、没优势，代表的仅仅是过去。只要相信自己，不断奋进，不断进步，终有一天，你也能够闪烁出耀眼的光芒。不要纠结于自己没有出人头地，或者自己没本事。本事都是学出来的，积累出来的，只要你相信自己，就一定会有出路。

自信对于成功的作用至关重要，就算有再多的人否定你，你也不要否定自己，因为人生的成败最终还是握在你自己手中的，如果你自己放弃，那就真的无法挽救了。

年轻人不要轻易否定自己，觉得自己不够聪明，就要不断努力充实自己，增加自己的经验；觉得自己眼界不够广博，就要增加自己的阅历，并且不断学习和阅读。

每个人都有缺点，如果能够弥补或避开，那你就是完美的。由于上天公平地赋予了每个人一项特长，所以不要说自己没有本事，而要善于发掘自己的特长，并善于培养自己的优势。

一个成熟的人懂得如何让自己拥有信心。他们不会轻易否定自己，放弃成功，而会召唤自己的努力和热情，发掘出自己的优势，一步步走向成功。

经营你的优势，就是积累成功的经验

经验固然能够使你走向成功的步伐更快一点，但是经验并不是全部，它也不能代替能力、信念等。一个年轻人想要走向成功，不能仅仅靠经验，因为这不是你的强项。和那些已经工作几十年的人相比，你所具有的一点经验不占一点优势。不过，这不等于你就没有成功的机会，经验是优势，同样也是桎梏。一个人如果经验丰富，就有可能会总凭经验做事，忘了创新，思想也会陷入某些条条框框而无法摆脱，解决起事情来也总会受“思维定式”的束缚。这样看来有经验本来是好事，但如果一个人因为经验陷入直觉和习惯，那就是一件可怕的事情了。经验确实能教给我们很多东西，只是这需要花费太长的时间。等到人们获得智慧的时候，其价值已经随着时间的消逝而减少了。经验和时尚有关，适合某一时代的行为，并不意味着今天仍然行得通。

那么年轻人的优势到底在哪里呢？怎样去努力才可能更出色？年轻人想要获得成功，一定要在以下几个方面下工夫。

（1）用知识武装自己的头脑。有句话说得好，“你可以白手起家，却不可以赤手空拳。”这是一个信息大爆炸的社会，知识作为一种资本，将成为你取得成功的最基本手段。一个人没有学历不重要，但是如果没有头脑，那么他将一事无成。无论是从做事过程中吸取经验，还是通过学习、深造来获得知识，都必须要保证自己有一个“一流的头脑”。专业知识是优势，头脑灵活也是一个优势。

尽可能在工作之余多看看专业书籍，多了解社会动向，每天都要学习，每天都增加一点知识，每天都进步一点点。投资自己的头脑，是这个世界上最合算的投资，它会在日后的事业中让你受益无穷。年轻人一定要勤于学习，提高自己的学习力，经营自己的头脑。

（2）人际交往。这一点大家都很明白，很多年轻人现在都特别重视在工作中的人际交往和培养自己的人脉关系。但需要提醒大家注意的是，不要过于功利，而要重情义。“朋友是人生的一大笔财富。”但是，并非所有的人脉关系都属于“朋友”，这一点要能够分清楚。

（3）经营自己的信念。这一点不好理解，但是人生是需要规划的，这一点想必大家都清楚，能够出色规划自己的职业人生或事业人生，一个人才可能走向成功。如果你自己对未来的事情没有一个计划，既没有目标梦想，又没有具体的计划，那么成功只会离你越来越远？所以，经营自己的人生绝对要包括逐渐在头脑中清醒构建出自己的未来，规划出自己的每一个步骤。

（4）经营自己的习惯。一个人有着怎样的习惯，对于他的人生影响巨大。好的习惯能够带他走向人生的辉煌；不好的习惯则会让他受到失败的反复煎熬。想要成功就必须从现在开始培养自己良好的习惯，包括积极正确的金钱观念、处世观念及成功观念以及细小的习惯性动作。

一个毫无特色的年轻人凭什么能够脱颖而出，超越他的同龄人和比他成熟的那些人。答案就是对自己人生的成功把握，成功经营，只有这样才能够真正成功。经营使你进步，优化你的生活和事业，使你有目标、清醒地活着，只有这样的生活状态，才能使你超越那些迷茫而浑浑噩噩的人。

成熟就是懂得让自己的生活更清醒一些，更理智一些，并且有明确的目标，明白地过日子，而不要得过且过。

慧眼识机遇，开启你的财富人生

年轻人不要抱怨自己没有机会，其实机会就在自己的身边，而赚钱需要有能够发现财富的眼光。只要有了这种眼光，你会发现到处都有成功的机会，到处都有财富。因此，年轻人不要抱怨，从现在开始就锻炼自己发现财富的眼光才是最重要的。

世界上成功的机会多的是，就看你能不能用自己独到的眼光发现它。世界上有着无数的财富，可是财富的分配却并不公平。财富的聚集遵循什么样的规律呢？拥有怎样的眼光才能发现它呢？这与一个人是否在生活中仔细观察、处处用心有关，同样也与一个人的财商有关。一个善于观察的人往往能够看到别人看不到的商机。

一位对植物有很深研究的旅行者来到一个十分偏僻的地方观察植物，偶然间，他发现了一大片兰草。经过仔细确认以后，他认定这是兰花中的极品——佛兰。旅行者觉得这是上天给他的机会，因为佛兰是很有价值的观赏植物，极罕见，而且价格不菲。不久，旅行者回到了城里，带回的几十株佛兰让赏花的专家眼前一亮，卖花的钱便让他成为了远近闻名的富翁。

知道这位旅行者为什么能够获得巨大的成功吗？首先，他善于观察。即使在极平常的地方也能够观察到财富，想象一下，如果他是一个对什么都视而不见的人，想必兰草早就与他擦身而过了。其次，他在自己熟悉的领域有着丰富的知识和信息。如果他不是一个对植物有很深研究的人，那么大概只会把这些极品佛兰当成普通的小草而已。最后，他不是一个书呆子，是有着极高财商的人，一个植物学专家，就算认出佛兰，大概也只懂得它的稀有，好好考察一番，看看它的属性，它的特质，而不一定知道它的市场价值。即使知道，也不一定认为应该把它从山中带到城里。如果是那样的话，他肯定也会与巨大的财富擦肩而过。

因此，想要获得成功，就应该有这些特质。这些与眼光有关的东西，是我们获取财富的首要条件。如果没有的话，就算把黄金摆在面前，我们大概也只认为是一块颜色鲜艳的石头而已。

年轻人要懂得自己真正需要什么。当你真心在追求财富的时候，就应该知道，哪些东西和信息在自己这里意味着财富。有时候，即使看到满眼的财富，它不是属于你的，挖掘它也不过是浪费时间而已。曾有这样一个小故事，在淘金的年代，一对父子听说一座山上有着金矿，就把那座山买了下来，自己进行掘金。但是，他们花费了十几年时间却没有任何收获，便把这座山卖了。买这座荒山的人是一个地质学家，他通过自己的勘探，认为这座山的确蕴藏着黄金，于是请人帮他在藏金的矿脉间挖掘，果真开采出了不少金子，距离那对父子挖的地方只有十几米而已。

这个世界上虽然遍地黄金，但并不是任何人都适合赚，且都能赚到。比如，比尔·盖茨只能赚计算机软件的钱，如果让他在船舶业赚钱，可能就赔惨了。能够在自己熟悉的领域，拥有自己独特的眼光和赚钱的财商，你才可能获得成功。

时刻注意周围的信息，因为只有足够的信息，才能为自己发掘财富的道路。一个人如果闭门造车，天天坐在家里等待机遇，大概馅饼是不会掉在他头上的。一个信息灵通的人，会在平淡中发现神奇，在普通中发现特殊，在别人看不见的领域发现获取财富的机遇。一定要不断扩展自己获取信息的渠道，因为那很可能意味着获取财富的机遇。

年轻人不要再抱怨自己没有机会，睁大眼睛寻找自己身边的机遇吧。

主动寻找贵人，构建自己的人脉圈

涉世之初的年轻人，如果仅凭着一己之力，那是很难有什么大的成就的。那些登上成功顶峰的人，大多数都接受过“贵人”的帮助。贵人不可能无缘无故的来到我们身边，更不可能无缘无故地帮助我们，人生中的机会和贵人都需要我们自己去寻找。

可能有很多凭着自己能力工作的年轻人，都会觉得不平衡，为什么别人在社会上有那么多人脉，而自己却只能靠自己在最底层拼搏？很多人都希望能遇到赏识自己的人，把自己带到一个能够展示自己能力的位置上。其实，这样的机会并不是没有，但却不会无缘无故被你碰到。

千里马之所以能被“伯乐”寻找到，是因为它的奔跑本领和稀有程度。这个世界上千里马稀少，而有才华的人却是比比皆是。一个人想要被自己的贵人找到或找到自己的贵人，就必须有与众不同的地方，就必须有吸引人眼球的能力。自己一生之中的贵人，需要我们自己去寻找，甚至需要我们自己去培养，这不是朝夕之功，因为想要成功，就必须付出巨大的努力。

“唐宋八大家”之一的韩愈在成名之前，曾寻找过很多出仕的机会。他写信拜会宰相，写信给襄阳大都督请求引荐。而他的不少干谒之词，最终成为千古名篇。每个希望在某个领域有所成就的人，都应该积极寻找成功的办法，而寻找自己的贵人，无疑是快速获得成功的一种方法。贵人不会时刻在我们身边等待着发现我们，而要靠我们自己去寻找，自己去接近。

贵人凭什么要帮助你？一个人怎么会无缘无故地帮助另一个人呢？有些人有人脉，是因为有交情，或者是希望建立互惠的关系。贵人不会无缘无故地赏识和重用你，必须让自己身边的贵人看到自己的能力，他才可能赏识、器重、帮助你。想要得到贵人的帮助，就要证明自己的价值，证明自己值得被帮助。

当然，可能有一些人能够遇到贵人完全是因为“机缘”。如果我们能够坚持着善良的原则做事，说不定在帮助别人的同时，别人也会心存感激，而成为我们的贵人，来帮助我们。

寻找自己人生的贵人是一个不容易的过程。表现自我，在公众场合表现自己与众不同的能力，让贵人能够看到你，认识到你的与众不同，知道你的存在，意识到你可以帮助他。现实中，有很多适合年轻人表现自己的机会。比如，公开演讲的机会；自己可以在某个项目中建立功勋；当公司遇到瓶颈问题的时候，你能够想到很好的解决方式；当决策者做出一个存在巨大错误的决定时，你能够坚决阻止等。这些统统是表现自己的极好机会，不要错过，也许因此你就能获得贵人的赏识和重用。

要积极去寻找贵人。对于那些可能帮助你，可能成为你贵人的人，要积极与他取得联系，向他讲述你的志向和想法，让他承认你，并认可你的才干，从而愿意帮助你。MySee网站的总裁高燃曾拿着电子商务的计划书在电梯中“堵过”杨致远。虽然他当时没有成功，但是他这种积极寻找“贵人”的行为，是值得效仿的。后来，高燃还通过采访远东集团董事长蒋锡培的机会，向他讲过自己的请求。并且，最终在蒋锡培的资助之下，创立了MySee网站。你一定要有自己的想法，如果觉得身边的哪个人能够成为你的贵人，那么就一定要积极想办法接近这个人，找机会向他讲述你的想法，这样才可能找到属于自己的机会和贵人。

要培养自己的贵人。贵人不单单可以通过寻找获得，也可以培养对于自己有帮助的人。比如，某些人虽然目前处在落魄阶段，但他的能力和魄力注定了他能够大有作为。这时，我们不妨帮助他摆脱困境，那他自然就会成为我们登上人生顶峰的“贵人”。

历史上著名的红顶商人胡雪岩，他的发迹正是从他资助友人王有龄开始的。起初，王有龄虽然已捐了个浙江盐运使的官职，但无钱进京。胡雪岩慧眼识珠，认定其前途不凡，便资助给王有龄五百两银子，让他速速进京，混个官职。后来，王有龄在天津遇到故交侍郎何桂清，经其推荐到浙江巡抚门下，当了粮台总办。王有龄发迹后，并未忘记当年胡雪岩的知遇之恩，于是资助胡雪岩自开钱庄，号为“阜康”。之后，随着王有龄的不断高升，胡雪岩的生意也越做越大，除钱庄外，还开起了许多的店铺。“士为知己者死”，如果在别人落魄阶段培养自己的“贵人”，那么当他功成名就之后，帮助起你来自然不遗余力。

想要有所发展，想要获得贵人的帮助，当然就要从自己的手边做起，不能一心想着别人无缘无故就帮助你，你首先要证明自己的实力，善于帮助别人，才有可能使别人愿意帮助你。

你要的创意，藏在一次次的尝试之中

每个人都有自己不同的赚钱方式，而每种方式赚到多少钱却是不一样的。有的人一天到晚忙忙碌碌辛辛苦苦，可赚到的钱却只够自己的生活所需；有的人并不那么忙碌，可他一天赚到的财富却非常多。这是为什么呢？只不过是因为赚钱的方式不同罢了。

有的人靠体力赚钱，靠的仅仅是劳动的双手，如果他一天没有劳动，那就没有收入；而有的人靠自己建造的某个系统赚钱，就算他某天没有工作，可还是有财富滚滚而来。一个人赚钱能力的高低，用什么方式来积累财富，是与他的工作方式有关的。

有这样一个小故事，美国一个摄制组，找到一位柿农，表示要买他们的柿子。于是，柿农找来了自己的邻居，自己用带弯钩的长竿将柿子钩下来，邻居在下面用蒲团接住，一钩一接，配合默契，大家还相互谈笑风生，唱歌助兴。美国人把这些有趣的场景都拍了下来。临走的时候，那些美国人付了钱，却并没有拿走那些柿子。柿农们都感到很奇怪。其实这并不奇怪，因为那些美国人就是靠他们所拍摄的这些影片来赚钱的，他们的目的并不是柿子，而是由柿子产生的信息产品，那才是真正值钱的东西。

农民们忙了一年所带来的财富，却远远不及这一段小小的纪录片。由此可见，人不要仅仅凭着体力劳动或技术来赚钱，还要学会思考，学会用自己的创意来赚钱。很多年轻人可能会认为自己没有创意，没有创造新事物的能力。其实，创意不仅仅是创造新事物那么简单，它可以是一个新鲜的想法，也可以是一种稍稍改良的做法。不要轻视这些微小的创意，也许它们就可以给你带来巨大的财富。

就算再好的想法、创意，也是需要尝试的。在尝试一件事情之前，不要急着去否定它，只要有了新想法，就应该去试一试，因为只有行动才能带给我们足够的财富。如果像人们说的那样，“晚上想了千条路，早上还是沿着老路走。”那就不可能有任何的进步，更不可能奢望积累更多的财富。

创造财富一定要勇于尝试，不断找出自己可以改变的地方，找出目前做事方法的缺点和不足，然后试着进行改造，也许因此就可能产生新的创意。

美国摩根财团的创始人摩根原来并不富有，夫妻二人仅仅靠卖鸡蛋维持生计。但聪明的摩根善于观察和思考，他看到人们总是喜欢买妻子的鸡蛋，弄明白了原来是人们眼睛的视觉误差，使自己大掌中的鸡蛋变得小了。于是，他立即改变了自己卖鸡蛋的方式：用浅而小的托盘盛鸡蛋。果然，他的销售情况有所好转。但他并没有因此而停止思考研究，既然视觉误差能够影响销售，那经营的学问就更大了。于是，他对心理学、经营学、管理学等进行了研究和探讨，最后便创建了摩根财团。

对于成功来说，创意固然重要，然而敢于尝试的心则是更重要的。年轻人如果怕这怕那，总是困于自己原有的知识水平，不敢冲出自己的圈子，并且害怕自己的生活会因此变得更苦，那么他永远都不会与财富有缘。那些成功的人士都曾经冒过一定的风险，当过第一个吃螃蟹的人。正如俗话说的那样“富贵险中求。”安安稳稳的生活，注定是不可能与财富结缘的。

只有善于思考，对自己的想法勇于尝试的人，才可能取得成功。就算你的想法并不是那么完善，不是那么成熟，你也可以进行尝试，然后在实践中去完善自己的想法，没有任何一件事情，是在一开始就非常顺利的。但是，如果不进行尝试，那么你将与成功无缘。

“超人”牌剃须刀在中国的电动剃须刀市场中占到了21%的份额，但是他们的创业之路却是非常坎坷的。开始的时候，应家兄弟是做电器配件的。有一次，大哥到山西出差，看到人们在排着队买电动剃须刀，于是就特意买了一个回来。大家都觉得这个东西很好，很有市场，于是决定做电动剃须刀。

几个兄弟开始了繁忙的联系业务，但是订单有了，生产的事情却让他们大伤脑筋：当地的塑料加工工艺没有优势，很多零件要到全国各地去采购，增加了成本，不但如此，因为没有经验，剃须刀还出现了质量问题。但是，失败并没有击败他们，他们一次又一次地从市场、技术、销售等方面做了详细的调查和分析。最终，他们决定从刀片上打开市场，开始了自己的事业。而今，“超人”牌剃须刀已经与飞利浦、博朗、松下三家著名厂商所生产的剃须刀并列为全球四强。

由此可见，创意对于创业固然重要，但是最重要的还是尝试的勇气，只要有勇气进行尝试，就有可能用自己的方式创造财富。勇气是年轻人最大的财富和力量，大家要谨记这一点，用勇气来开创自己全新的人生。

第3章　学历低不可怕，关键要修炼成功的品质

一个人只有用自己的突出能力为自己的人生创造价值，他的价值才能够最大化。学历只代表着过去，而学习能力才代表将来。年轻人一定要让自己在每天都取得进步，让不断增长的才干为自己打开成功的大门。看看哪些突出能力能够为自己的人生创造奇迹吧。如果没有，就让我们培养其中几项，并让这些突出能力成为自己的核心竞争力，从而在人生的比赛中胜出。

精准的判断力，选对你要走的人生

人生就是不断选择的结果，判断力对于一个人至关重要。能够根据自己目前的状况，选择对自己的将来最有利的生活，人才可能活得越来越轻松；能够根据自己对未来形势的判断，选择自己的职业，选择自己要走的人生道路，一个人才可能越来越成功。

以前的判断和选择造成了你今天的生活和局面，今天的判断和选择则会造就你明天的生活，很多人往往会后悔“如果

我当初选择了……”，再多的如果也不可能变成现实，珍惜现在是最重要的。但是，仅仅珍惜现在就好了吗？如果现在没有培养自己判断力的意识，那么在将来的很长一段时间里，你还会一次又一次的想起“如果我当初选择了……”不断后悔。因此，年轻人应该从现在开始就培养自己的判断力。

比尔·盖茨在接触到计算机的那一刻就意识到将来的每个家庭都会拥有至少一台计算机，它会像家用电器一样普及。因此，他把自己的公司称为“微软”，也就是公司所设计的软件是给微型计算机使用的。可以说，他在创业之初就把自己的目光放在了“为家用计算机设计软件”这一选择上。现在看起来，比尔·盖茨的眼光无比准确，他的判断力造就了他个人的巨大成功。我们是否也拥有要这样的判断力，这样的眼光？

不要以为这样的眼光是天生的，其实判断力本身并不神秘，每件事情都是不断发展的结果。有后果，必有前因。如果我们在事情发生的第一时间，就捕捉到可能产生的后果，那么我们的判断力就会渐趋正确。

判断力是否准确对于一个人的未来发展至关重要，怎样让自己拥有准确的判断力，选择对于自己更好的未来，我觉得应该从以下四个方面做起。

（1）对于行业的熟悉程度。一个人只有对自己所处的行业有一定的熟悉程度，才可能有敏锐的眼光，才会有准确的判断力。当你面临眼前的选择的时候，你必须对所选择的项目或人有一定的了解、熟悉，才可能做出对自己最有利的选择。因此，在面临选择的时候，我们最先要做的就是了解目前这两个或多个项目的形势，并且尽量多地掌握这些方面的信息，了解得越多，就会越清醒，也就会做出更加准确的判断。

（2）对于自己和形势的清醒认识。除了了解目前的状况以外，你还应该对形势的发展有一定的认识，对自己是否适合有清醒的认识。这个行业或领域是夕阳产业，还是朝阳产业？行业将向着哪个方向发展？自己是否适合这个行业，是否有这方面的天赋？是推理、分析能力强，还是阅读、理解能力强，抑或是创造能力、执行能力强？自己能够在这种趋势下扮演一个什么样的角色？

（3）不要看一时一事，而要把握住整体的发展方向。光看一时一事，容易被眼前的东西所迷惑，要站得高一些，看得远一些，才能综观全局，统筹把握事物的大方向，也才不至于发生以偏概全、以点代面的错误，而这样判断出的结果才能更准确。事情向着哪个方向发展？大趋势是怎样的？不要听信别人的话，要做出自己的判断，看得远一些。

（4）在平时，就要从小事开始，锻炼自己的判断力。尤其是对事情将朝着哪个方向发展之类的趋势性问题，先要不断地分析，并预测出一个可能的结果。然后，看事情是否按照自己的预期在发展。如果不是的话，那么就要仔细分析自己在哪个环节，漏掉了哪个因素。只有这样，通过不断地锻炼，我们的判断力才会逐渐提高，从而使我们在遇到人生的岔路口的时候，能够根据自己多年的经验，做出自己的判断，选择对自己最有利的形势。

由于人生就是一连串果断的选择，因此判断力对于我们的选择起着举足轻重的作用。如果你有着很突出的判断力，那么就算没有很高的学历，只凭着自己对未来趋势的判断和预测，也能够在社会上占有一席之地。

要想自己的未来更加光明，就要不断地锻炼自己的判断力，不断做出有利于自己人生的选择。

提升竞争力，让你无畏任何挑战

目前的这个社会充满了竞争，一个人是否有竞争力将决定着他在这个社会上处于什么样的位置。一个人是否有竞争力是由他自身的勤奋程度、危机意识、本能的好奇心以及他的定力来决定的。如果不注意这些，那么一个人即使现在能力很强大，将来也会变得毫无价值，毫无竞争力。

一个年轻人在他的同龄人之间是否有竞争力，一部分取决于他的学历——这不可否认，因为学历代表着你过去付出了多少努力，学历也代表着你的理解能力；另一部分则取决于自身的努力，自身的努力能够改变很多事情。只有明白自己的核心竞争力在哪里，你才可能取得事业上的成功。

怎样加强一个人的竞争力？这是因人而异的。每一个人都有不同的天赋，这是人为训练所不能改变的，就像有的人天生免疫力强一样，而最重要的就是找出自己的那项天赋，并加强训练它，才能塑造出自己的核心竞争力。怎样寻找出自己的天赋呢？通常我们觉得一个人特别容易和人交往，交际能力特别好，可是他自己却不觉得自己有异于他人的天赋，只觉得很平常。由此可见，一个人的优点往往是别人才能察觉到的。因此，你就需要征求周围人的意见，并特别注意自己适合做哪方面的事。

通常情况下，大家要注意自己在以下几个方面的能力。

（1）学习力。学历代表过去，而学习力则代表将来。将来这个社会的信息更替速度会非常快，如果学习力非常强，那就代表你的头脑能够非常快地整理和接收信息，并迅速形成印象。这样的头脑更适合于在信息高速更替的行业发展，比如IT业。

（2）创造力。不可否认，一个人的创造力很大一部分是天生的，因此有的人天生就富有创意，能够把所有的想法整合在一起，创造出新的事物。当然，这和想象力有关，但绝不是单纯的想象力。如果一个人总对事物有新的想法和新的观点，有很多“鬼点子”，那就说明他的创造力很不错，这样的人适合在广告业等行业生存。

（3）分析推理能力。思维严谨，分析推理能力和逻辑能力强的人，适合在数学、物理、化学等自然科学研究方面发展。

（4）财商和情商。这两者不可分割，人际交往能力尤其是到了人生的后半段，几乎是人脉决定着你的事业。同时，在现实社会中，赚钱已经不只是拥有赚钱的眼光和技巧那么简单，有丰富的人脉则可以让资本运转得更快。

（5）影响力。一个人有怎样的影响力，常取决于他的自信、自强和挑战精神以及高度地社会责任感。有些人天生就具有领袖素质，他们能够通过自己的气质最快地获得别人的认同和敬畏，从而对别人的思想和行为产生影响。

当你明确了自己在哪些方面有优势，就应该不断在自己的优势方面加以训练，并把它变成自己的核心竞争力，只有这样你才能在自己所在的领域保持更强的优势和更强的竞争力。

保持竞争力的方法可以有很多种，勤奋训练只不过是其中的一种。如果想一直在某个领域处于领先地位，就要有一定的好奇心和危机意识。好奇心可以促使我们探索更多解决事情的方法，让我们对新方法、新事物及新信息保持最敏锐的触感，让我们不断探索钻研。危机意识，则可以促使我们对自己所处的位置时刻保持警惕，以保持自己竞争的状态，从而不会落在别人的后面。

对于30岁以前的年轻人来说，青春就是资本，只要敢于挑战，就能拥有最强的竞争力，从而在社会中拥有自己的一席之地。

提升你的沟通力，让人际交往顺畅无阻

沟通力是我们和其他人合作或交往愉快的基础。一个人如果沟通力很好，大家就很容易明白他的意思，明白他需要什么，他希望得到什么，能够付出什么。他也很容易清楚别人的意愿，满足别人的需求，这样双方都能够得到满足。然而，有的人沟通力不好，和他说话就很费力，他不明白别人所说的，也不能让别人明白他的要求。形成了一种“鸡同鸭讲”的尴尬局面，让双方都不能得到满足，甚至产生误会。

其实，沟通是一件很简单的事情，两个人互相沟通，说白了就是让双方都弄清彼此的意图，然后满足双方的要求。所以，沟通就是弄明白对方需要什么，你能够提供什么，你能够提供的和他所需要的有哪些差距，以及双方能够在哪些方面达成共识，在哪些方面有异议，怎样才能拿出一个折中方案，从而达成共识。

沟通主要包括三个方面：弄清楚别人的需求，了解别人的意图；懂得自己的需要，清楚自己的心理底线；沟通方式正确。

（1）沟通方式。如果沟通方式不正确、混乱，那么别人就会听不懂，沟通就会堵塞。这就像两个国家的人都听不懂对方的语言，中间又没有翻译，他们是不可能坐下来好好聊一番的。所以，说话要让听的人能够听明白，听懂。现在，有很多业务员都陷入了一个误区，他们讲话都讲些“术语”，业内的人很容易就明白，可大多数消费者却弄不懂产品究竟对自己有什么好处？比如，一个人去商场买空调，业务员一上来就讲：“我们的空调是铜管的，别人家的都是铝管的。这台虽然贵，但它是变频的……”然而，这个人不懂得铝管和铜管有什么分别，也不懂得变频有什么好处。结果，业务员说了半天，也没有做成生意。

（2）不要自说自话。在心底弄清楚对方到底想干什么，想要什么。这一点很重要，如果你一直在自说自话，那么你的想法就不可能得到对方的认同，你与对方的沟通也就无效。

很多时候，不少人都会做无效沟通。然而，并非大家的头脑不清楚，而是弄错了对方所说的意思。比如，老板说：“这个月，公司效益不好。”实际上指的是员工工作不够用心。然而，员工们却可能理解为：不会是这个月的奖金没了吧；自己的薪水会不会受影响。

（3）正确理解别人的意图。能够做到这一点是很不容易的。因为，大家的意图都藏在话里面，而不是那么直白。这时，一定要清楚这句话意味着什么意思，而不要用自己的意识去理解。

一天，公主病了，她娇憨地告诉国王，如果她能拥有月亮，病就会好。于是，国王立刻召集全国的聪明人，要他们想办法拿到月亮。

不少人都向国王说："月亮远在三万里外，又圆又平像个钱币，有半个王国大，还被粘在天上，不可能有人能把它拿下来的……"然而，有一个小丑听说了这件事后，却认为：当务之急是要弄清楚公主心目中的月亮到底有多大、多远。于是，他来到公主房里探望公主，并顺口问公主，她心目中的月亮是怎样的。结果，公主回答他说："月亮大概比我的拇指指甲要小一点，比树梢还要矮，是用金子做成的。"

比拇指指甲还要小、比树还要矮，用金子做的月亮当然容易拿啦！小丑知道公主的心意后，便立刻找金匠为公主打了个金制的月亮项链。公主非常高兴，第二天病就好了。

人们常常很少关注说话者的真实需求，而完全按照自己的意愿做事情，结果费了很大劲，效果却并不好。年轻人尤其应该注意，当上司交代给你一件事情或一项任务时，你应该先弄清楚上司的要求，然后再去执行。事前的沟通很重要，否则任务进行完了，上司却不满意，更浪费精力和时间。

虽然，沟通力只是交际能力的一部分，但却绝对是最重要的一部分。想要和一个人愉快有效地沟通，就要说对方想听的，听对方想说的，即先通过赞美、认同、询问等方式弄清楚对方想听什么，然后以对方感兴趣的方式表达出来。

能够有效地与人沟通，就会节省很多时间和精力，避免很多误会，并让人觉得你是一个善解人意、值得信赖的人。沟通力能够为一个人的成功节约很多成本，并建立起很多信息渠道。因此，年轻人一定要学会愉快有效地沟通。

一心一意，专注让效率倍升

一个人如果没有专心致志地做过一件事情，那么他的人生就不是完美的。事实上，在某些领域，如果我们能够维持三五年的专注力，那就可能小有所成；而如果一生都花费在某个领域，那我们的成就将无可限量。

大多数人为什么不容易成功，那是因为他们的杂念太多，他们中的哪个人在做事之前不是千般计较？哪个人不是一边做事，心里一边转着其他念头？因为，他们想得太多，做得太少，计较得又多。当别人做同样多的事可以和他们有同样的薪水时，他们就想做更少的事得到同样的报酬；当别人和他们做同样多的事，却拿比他们高的报酬时，他们就设法拿更高的报酬或跳槽。

好多人的一生中都把精力浪费在了和别人比较，和别人竞争，算计付出与回报是否成正比之上，而很少好好地用心工作，所以他们不但不容易得到成功，也不容易得到快乐。如果他们能够达到一个境界，完全让自己沉浸在工作本身所带来的乐趣当中，不为外界的各种诱惑所动，完全不去和别人比较，眼中只看得见自己的工作，只看得见自己的生活，以及自己能够享受到的乐趣，那么就算不那么成功，也会比较快乐。因为，这个世界上的一切痛苦都来自于比较，来自于别人的眼光。

其实，成功与专注力是分不开的。专注力并不是指十几年甚至几十年地从事某一种工作，而是当你从事某种工作的时候，能够心无旁骛地把注意力全部放在上面，能够在很长时间内集中精力，不被打扰。如果能够做到这点，就能在考虑问题的时候，考虑得更深入，更缜密，在处理事情的时候，也能够处理得更完美，更周密。

当一个人把所有的注意力都放在一件事情上的时候，甚至连睡眠都在帮助他。比如，德国化学家凯库勒就在梦中发现了苯的结构。当时人们发现了苯属于不饱和状态，可是化学性质又非常稳定，这样的存在非常矛盾，说明苯有一个非常奇特和所有不饱和有机物不同的结构，这个结构是怎样的？问题把所有的化学家都难住了。

凯库勒对此也百思不得其解，因此他总是处在思索这个问题的状态中，就连吃饭睡眠也不停地思考。一天晚上，凯库勒坐马车回家，在车上昏昏欲睡。在半梦半醒之间，他看到碳链似乎活了起来，变成了一条蛇，在他眼前不断翻腾，突然咬住了自己的尾巴，形成了一个环……凯库勒猛然惊醒，立刻在纸上把苯的化学结构以六角形环状的方式写出来，证明这个结果的确就是苯的结构。1865年，凯库勒发表了有关苯结构的论文，解决了化学上的这一难题。

专注力对于一个人的成功是非常重要的。那么怎样加强专注力呢？每个人的专注力都是不同的，有的人能够在思考的时候浑然忘我，连自己正在做的事都会忘掉；而有的人则是很不容易集中注意力，连三分钟都不能聚精会神。可见，专注力并不是每个人都一样的，想要加强一个人的专注力，就要不断地进行训练。具体方法有以下三种。

（1）空间清净，当决定做某件事时，把与此无关的其他东西都收走。比如，当你在计算机上工作的时候，把你的宽带关掉，因为如果一直处在联网状态的话，你会忍不住想玩一会游戏，或者读一读新闻等，从而把自己原本要做的工作都耽误了。在做这件事之前最好就找好自己所需要的资料，存在计算机硬盘上，一旦需要就可以轻易翻找出来，如果在做事情的过程中需要补充资料，那就把这段工作翻过去，先做下面的，做完整个项目以后，再查找那些需要补充的资料。

（2）张弛有道，节奏分明地处理做事和休息的时间。在做事之前，最好让自己处在一个长时间不需要做其他事情的状态，比如喝点水，上好厕所，清理好自己心中的杂念。然后，坚持几个小时，一直不要分心。不要熬时间，而要高效地做事，把自己的全部精力和脑力都放在眼前的事情上，大脑高速运转，手快速行动，心无杂念。等到事情做完，再去休息，去玩乐，痛痛快快地彻底地丢掉事情，整副心思放在玩乐上。当节奏分明地处理了一段工作与休息的关系之后，你就会发现自己很容易快乐，也很容易出成果。

（3）除去内心的干扰。在做事之前，就要把心中那些浮光掠影的杂念抛开。很多时候，我们是自己在骚扰自己。比如，一边做事一边想着快中午了，喝水休息一会儿吧；或者一边传着昨天看到的有趣的事情；或者气愤、烦恼等情绪不能平息。这些干扰对我们的事业来说都是致命的。其实，每个人在做事之前，都要在内心冥想三分钟，把内心的杂念清除出去，然后再安心做事。

训练一段时间，你会发现专心做事的感觉特别好，效率也特别高，自己也很容易有成就感和满足感。年轻人一定要在专注力方面对自己有切实地训练，只有这样才能迈向成功。

从模仿中，吸取成功者的经验

别人的成功方式是可以复制的。如果仔细观察那些成功人士，就会发现他们在某些方面是非常相像的，如某些手势，某些行为举止，某些姿势，甚至某些想法也能够不谋而合，观点更是惊人的一致。

这说明无论在哪个领域，到了成功的顶点，道理都是相通的，托尔斯泰曾说过，“幸福的家庭都是相同的，不幸的家庭则各有各的不幸。”这句话可以引申为：“成功的人都是相同的，失败的人各有各的失败之处。”如果我们能够找到一些成功人士的相似之处，并对此进行模仿，那么终有一天，我们也将成为成功者中的一员。

在平时与人相处时，要多注意别人的长处，多注意自己缺乏的那些特质，然后学习它，采撷众人的优点，从而使自己拥有更多的优势。在这一点上，松下幸之助先生是当之无愧的成功者。他信奉“用七分工夫去注意一个人的长处，用三分工夫去注意一个人的短处”的原则，不但可以让自己看到别人的长处，也容易让自己得到提升。

让自己提升的办法有很多，看到别人的长处，并模仿学习，这是提升自己最快的方法。有一种观点认为：“在模仿中成长，在创新中成功。”也就是说，大多数工作都是重复，强调的是效率而不是创新。当然成功模式更是如此，不仅仅在普通工作上，就算在那些要求创新力很高的文学方面，也是如此。比如，王勃的“落霞与孤鹜齐飞，秋水共长天一色”就模仿了庾信的“落花与芝盖齐飞，杨柳共春旗一色”。当然，有此“化用”的诗词文章不在少数，而化用得好就是成功者。人们也常说："熟读唐诗三百首，不会做诗也会吟。"这句话就是希望人们在熟练格式的基础上进行创新。

在成功一事上也是一样，必须有模仿的过程，才会有创新的可能，最终才能够成功。模仿是第一步，如果连这点都做不好，那么想要通过自己的一套方法来成功是不可能的。成功往往有着一定的模式，在你没有明确它之前，任何的自我创新都可能是在浪费精力，因为自己发明出来的方法大多数效果都非常有限。

唐骏曾经在他的自传《我的成功可以复制》中写道："世间万事万物的运转，都遵循非常简明的规则。只要掌握这些规则，就能够成功。"由此可见，那些成功人士之所以有今天的成就，都是因为掌握了成功的规则。如果我们能够模仿他们，并从中找到这些规则，遵从这些规则，那么成功也许离我们就真的不远了。

当然，成功并不是简单的模仿和复制，需要人们更多的思考，但是模仿能够快速提高人们的能力却是毋庸置疑的。人们提高自己的方法有很多种，比如在工作方面，一个人想要提高，可以通过实践锻炼自己的能力，也可以通过深造提升自己，但让工作上手最快的方法，却是请教做过这类工作的人，让他们传授给你一定的经验，这样你就会尽快掌握工作的流程和窍门。模仿别人的好处就在于你可以把那些已经存在的经验、技巧等直接拿过来用，而不至于自己在实践中摸索，更不至于在摸索中跌倒。

如果说模仿力决定了一个人的成败大概有些言过其实，但模仿可以让一个人快速成长却是毋庸置疑的。一个人在成功之前，最重要的就是每天都有一点成长，每天都能进步。如果我们能够找到成功者所具有的特质，并且每天都学习模仿，那么不久之后，我们肯定有了很多机会，在人群当中也有了一定的影响力，从而使成功离我们更近了。

一个成熟的人懂得如何让自己迅速找到一条达到目标的道路，而模仿则是一条快捷的道路。

立即去做，修炼你的执行力

30岁以前，无论我们有多少智慧、创意、决策以及管理能力，可常常做的还是执行。一个人执行力的好坏决定了他是否能够升职、加薪以及走向决策层，所以说执行力就是一个人最终成功的保障。马云曾经说过这样一句话，“孙正义跟我有同一个观点，一个方案是一流的idea加三流的实施；另一个方案是一流的实施加三流的idea，哪个好？我们俩同时选择一流的实施加三流的idea。”由此可见，执行力在一个人走向成功的过程中，扮演着最重要的角色。

那么执行力到底是什么呢？执行力，指的是贯彻战略意图，完成预定目标的操作能力；是把企业战略、规划转化成为效益、成果的关键。执行力包含完成任务的意愿、完成任务的能力以及完成任务的程度。对个人而言，执行力就是办事能力。简而言之，执行力就是把想法变成行动，并再把行动变成结果的能力。

一个人有想法是好事，但是如果他不能把自己的想法实施，变成能够体现自己价值的行动，那么再好的想法也是空想。

在一家企业里，决策很重要，但是如果不能得到推行，或者贯彻总是打折扣，把本来很好的计划执行得似是而非，那么这家企业的发展就不可能好。在不少企业中，并不缺少先进的管理经验，也不缺少先进的经营理念，缺少的却是照章行事的执行力。如果一家企业里的所有员工都能够按照上层的想法，不折不扣地执行下去，那么这家企业的生命力就会十分旺盛。

一个人想要成功也是这样。有想法是好事，但仅停留在想的阶段，而不去行动、实施的话，那么再好的想法也不可能为自己的人生创造价值。从现在开始，你一旦有一个想法，一个念头，就应该先把自己的这个想法、念头记录下来；然后进行完善，使它成为一个具体的、明确的、可以执行的策略，并制订出相应的具体计划；最后，立刻行动，去实现这个想法。只有这样，你才有可能逐渐走上成功的道路。

执行的路上肯定有困难，但是一定要相信方法比困难多，并且多想出不同的方法解决问题。并且，在这个过程中，我们不要畏惧困难，更不要退缩，而要坚持自己的想法，只有这样我们才可能最终实现梦想。非凡的执行力是一个人成功的关键。因此，30岁以前，我们必须让自己具有这种能力。

不同的人有不同的执行力，你一定要训练自己在执行之前就想清楚所有可能出现的问题，最终朝着自己的目标前进，这样才可能更好地完成任务。不过在此之前，你一定要有立刻行动的决心，“坐而言，坐而思”只能形成方法，“起而行”才可能获得成功。

第4章　安于现状的人生，其实蕴藏了更大的危机

在这个世界上，成功者在人群中只占到大约20%，这部分人掌握并创造着80%甚至更多的财富。由此可见，最可能成功的人在大多数之外，相信自己的力量，不盲目从众，不流于世俗，坚持自我特色。只有这样的人才能凭着自己的眼光和思考，凭着对自己的信心，对自己选择道路的坚持，走在别人的前面，走向成功的巅峰。因此，成熟就是不从众，不从俗，只服从自己心灵智慧的引导。

第一个去做，就能第一个占领先机

美国著名成功学大师皮鲁克斯有一句名言："先人一步者，总能获得主动，占有利地位。"所以，一个人想要成功就要勇于走在别人的前面，敢为天下先，这样才能有更好的前途。

现代社会是一个竞争激烈的社会，只有奋勇争先的企业和个人，才有生存的可能。年轻人一定要意识到这一点，并不断进步，不断看到新的机会。并且，一旦觉察到先机，就应该立刻行动起来，走在人先，占领先机。最终，才能在别人前面获

得决定性的胜利。

年轻人在这方面是有优势的，因为年轻人的接受能力很强，思想很开明，对于新生事物，总有快人一步的见识和接受能力。同时，年轻人的思想又不僵化，脑筋灵活，正处在一个体力和脑力都特别活跃的阶段。唯一的缺点似乎是年轻人的见识不够开阔，对于事物的把握不是那么准确，眼光不够高远，不过这一切都可以用年轻人快速的行动力来补足。就算一开始对于事物的把握不那么准确，只要行动起来，就有更多的机会来改正之前所犯的错误，也会比那些跟在你后面的人更先到达目的地。

当然，走在别人前面，当个领头羊也是有风险的，不过无论怎样的风险也要比跟在别人后面，一直都无法超越的风险要小得多。这个世界上第一个从事某件事的人，总会占领多半的市场；而第二个做这件事的人，则会占领剩余市场的80%；后面跟进的人能够拥有的市场会更小，他们的获利空间当然也会更小。当领头羊固然有风险，但是获得的收益同样巨大。

风险来临的时候，领头人当然首当其冲，但其他人肯定也不能避免。可是，一旦时机成熟，领头人获得的收益肯定是跟随者的几倍，甚至几十倍。人生最大的风险不是被打倒，而是自己没有勇气，总是缩在后面。因为，世界不会时时刻刻打枪，而怯懦却会时时刻刻折磨、打击你，使你一事无成。

年轻人一定不要站在人堆里，跟随多数人的脚步。因为，事实证明最成功的那些人恰恰是人群外面的那些人，他们只占总人数的20%。他们总是勇于冲锋陷阵，一旦意识到机遇来临总是第一个扑上去，占领先机，而那些畏畏缩缩跟在后面的人群往往在别人心满意足之后，才能分享剩余不多的渣滓，并且还要面临着机遇变成陷阱，行业被淘汰的风险。

一个新兴行业刚刚起步的时候，往往是朝阳行业。等到它发展到成熟阶段，大家都意识到它的好处，都开始认可的时候，往往它已经到了日暮西山的阶段。这时，跟随者一拥而上，带来的往往是毁灭性的灾难，这个风险要比当领头羊的风险还要大。所以，年轻人一定要走在别人的前面，这样才有成功的可能。

当所有人都在繁华的睡梦中沉睡的时候，你就去做事。做他人不愿做或不敢做的事，你才能踏上一条成功的捷径。命运就在前面等着你，它总是把最幸运的事，降临在第一个接近它的人身上。甘为人先，敢为人前，才能让所有的人都成为你的追随者。卓越的成功者在做每一件事时都比别人早一步，比别人更早产生不同的想法，比别人更早地掌握未来的动态、信息及走向，比别人更早地立志和行动。要想创大业，建大功，就要抢占先机，而不能落于人后。

成熟的人懂得，只有走在前面的人，才能更有前途。敢于走在人先，就是一种成熟的表现。

即使失败了，也强过输给懦弱的自己

面对众人，如果有怕被人笑话的顾虑，那么首先就输给了自己。年轻人要过自己那一关，要勇于追求与众不同。当陈胜还是个普通农民却说出“燕雀安知鸿鹄之志”的时候，他肯定是受到众多嘲笑的，但是他面对众人嘲笑的眼光，没有退缩，终于成就了自己的一番事业。

没有谁可以预见未来，大家要做的就是坚定自己心底的信念，不要被外界的嘲笑所击倒。我们可以败给对手，败给力量强大的敌人，却不能输给自己的胆怯心理，更不能败给流言，败给多疑心，败给时间。最可能成功的人，他们都坚信自己的理论是正确的，即使现在不正确，也会在未来的某段时间内变得正确，因为他们的眼光看得更远，看得清未来的趋势。当然，因为他们思想的超前性，可能会使他们受到无情的嘲讽，但只有顶住那些嘲讽，才可能有更大的成就。

1814年，史蒂芬孙根据蒸汽机的原理，研制出世界上最早的蒸汽机车。但他所研制出的蒸汽机车却丑陋笨重，走得很吃力，像个病魔缠身的怪物。面对构造简单、震动厉害、速度缓慢的蒸汽机车，英国的贵族们驾着漂亮的马车与火车赛跑，并讥笑史蒂芬孙说：“你的火车怎么还没有马车快呀？”

然而，史蒂芬孙却没有被这些论调击败，他坚信火车一定能够超过马车，具有远大的前途。他以科学的态度，针对火车的缺陷，做了一系列改进和革新，历经11年的努力，终于在1825年9月，再次进行了试车表演。而这次，好事者的马车却被远远甩在后面。

比尔·盖茨当初转行做计算机的时候，人们也根本不相信计算机可以像一般家用电器一样普及使用，他的同学甚至嘲笑他在异想天开。如果你能够不败给别人嘲笑的眼光，坚定自己的信念，坚持自己的判断，终有一天，你会走在时代的前面。第一个“吃螃蟹”的人往往在人们不理解的眼光中被看做是“疯子”。如果你败给了世俗的眼光，败给了自己的畏惧，那么连你自己都会觉得羞愧。

最可能成功的人，就是那些在大家眼里看起来不可思议的人。往往笑到最后的人，才是真正的强者，可并不是每一个人都能笑到最后，这其中的大多数并不是被自己的对手打败，而是被自己的思想打败，被自己的感觉打败。当我们找不到人生的出路，当我们感觉不到光明和希望，焦灼、恐慌及畏惧就会逐渐占领我们的心，让我们在被敌人打败前，就先被自己打败了。

一支小分队在一次行军中遭到敌人的突然袭击。混战中，有两名战士冲出了敌人的包围圈，结果却发现进入了沙漠。走至半途，水喝完了，没受伤的战士把枪交给了受伤的人，并一再叮咛他：“枪里还有五颗子弹，我走后，每隔一小时你就对空中鸣放一枪。枪声会指引我前来与你会合。”然后，去寻找水源。躺在沙漠中的战士却满腹狐疑：同伴能找到水吗？能听到枪声吗？会不会丢下自己这个“包袱”独自离去？

夜幕降临了，枪里只剩下一颗子弹，受伤的战士确信同伴早已离去，自己只能等待死亡。结果，他彻底崩溃了，把最后一颗子弹送进了自己的太阳穴。可就在枪声响过不久，同伴提着满壶清水，领着一队骆驼商旅赶来，找到了一具尚有余温的尸体……那位战士冲出了敌人的枪林弹雨，却死在了自己的枪口下。

在人生的旅程当中，不少人常常不怕和别人争斗，却害怕寂寞和劳而无获。他们总担心自己的努力会付之东流，总担心自己的坚持换来的是一场空，害怕自己的判断会失误，害怕自己所有的奋斗都会失败，害怕看到失败后人们同情的目光，害怕失败的后果是自己不能承担的，于是，他们选择了逃避。逃避成为优秀的人，逃避自己与众不同，逃避努力，最终使他们自己放弃了成功的可能。

想成就大事，你就必须接受人们的不理解。然而，只有坦然接受人们不认同的目光，才能坦然接受心理的煎熬。有这种心理准备，你才有可能获得成功。一个成熟的人就是无论别人怎样不接纳自己，自己都会接纳自己，爱自己，并坚持自己的观念，从而不被自己所打败。

走别人没走过的路，也能取得别人无法获得的成就

沿着别人的路走下去，人生会非常平坦，但也会非常平庸。只有走自己的路，才能走别人没走过的路，也才能见识到崇山峻岭的风景，享受到成功登顶的美妙滋味。世界上大多数的人都是沿着一条路走的，而只有极少数的人能够走自己的路，或者在大多数人走的路上另辟一条小路。

每个人都有自己与众不同的能力，因此每个人成功的方法也会各不相同。知道自己的优势在哪里，走自己的路，才能走出与众不同的人生。在这世上，没有两片相同的叶子，也没有两种完全一样的成功方法。对于年轻人来说，也许沿着别人成功的路走下去，就会摔大跟头，走出一条与众不同的人生之路需要勇气，但如果跟在大多数人的后面，那么你要摔的跤并不会比走自己的路要少。

每个人的人生轨迹都是不同的，众人走过的路上总是会留下自己的一些痕迹，留下人生的沟坎，如果你不想被这些沟坎绊倒，就应该走出自己新的道路。鲁迅先生曾说过，“这个世界上本没有路，走的人多了才变成了路。”走别人踩踏过的路固然平坦，却不容易留下自己的足印。所谓的成功者就是那些带领大家一起踩出一条路来的人，而不是那些走别人踩好的路的人。

股神巴菲特曾说过这样一句话：“在其他人都投了资的地

方去投资，你是不会发财的。”一个人总是沿着别人发迹的道路去寻宝，即使有宝藏也被别人挖空了，怎么会轮得到你呢？很多成功者都了解自己的“财富增长点”，去做别人没有做过的事，最终才获得巨大的成功。

美国西南航空公司的总裁赫伯·凯莱赫，面对航空业巨大的竞争，并没有与各大航空公司正面交手，而是专门寻找被忽略的国内潜在市场。他决定主营国内短途业务，遵循“中型城市、非中枢机场”基本原则，在一些公司认为“不经济”的航线上，以“低票价、高密度、高质量”的手段开辟和培养新客源，由于每个航班的平均航程仅为一个半小时，因此西南航空只提供软饮料和花生米，这样既可以将非常昂贵的配餐服务费用“还之于民”，又能让每架飞机净增7～9个座位。

把飞机当成长途汽车去经营，这一特殊的道路，让西南航空公司从成立之初的3架飞机到如今，已拥有500多架飞机，并于2005年成为美国第二大航空公司。

我们的人生呢？是否也应该去寻找一个别人还没有注意到的，别人忽略的潜在的“财富增长点”，去走与别人的成功不同的道路呢？

当大多数人在模仿和复制别人的成功模式时，是否应该有自己的一套想法？每个人的人生为什么与众不同？这是因为，每个人都走不同的路，所以尽管到达的目的地都是一个，可欣赏到的风景却大不相同。

有的人，人生轨迹是抛物线状的；有的人，人生轨迹是直线状的；有的人，人生轨迹则是波浪形的。每个人都知道直线的人生距离最短，于是大多数人都走了这样一条人生轨迹，结果因为人太多，竞争太大，反而有不少人都被挤了下来。只有极少数人决定走出自己的轨迹，于是轻松地拥有了人生的低谷和高潮，走出了自己的特色，而这就是一种成功。

真正成熟的人是懂得走自己该走的路，而不被众人的意见所迷惑，不被周围的诱惑所误导，只忠诚于自己的内心感受，忠诚于自己的优势，从而成为一个活得有自我特色的人。这样的人即使一生中没有任何傲人的成就，也不会在岁月中留下无限的悔恨。

勿被他人之言动摇，经营自己的特色人生

一个生活平庸的人，带着无数的困惑去拜访禅师。他问禅师："大师，您说真的有命运吗？""有的。"禅师回答他。"那您看，是否我命中注定一生贫困呢？"禅师让他伸出手，指给他看，"你看，这条横纹代表爱情，这条斜纹代表事业，这条竖纹代表生命和健康。"然后，禅师把他的手慢慢握起来，然后问他："现在这几根线在哪里？"那人迷惑地说：

"在我手里啊。"禅师微笑着问："那命运呢？"那人终于恍然大悟，原来自己的命运一直握在自己的手里。

上天对每一个人都是公平的，会在不同的人生阶段带给每个人不同的灾难和幸福。一个人能否化解灾难，能否享受幸福，就看他能不能凭着自己的努力来转变这种状况。别人的鼓励、赞同或是否定、嘲笑都不能改变你的命运，改变你命运的是自己的心态，只有心态端正，接受正面鼓励的信息，无视那些否定、嘲笑之词，凭着自己的双手才能改变自己的命运。

一个人适合做什么，命运怎样，只有他自己最清楚，也只有他自己可以改变。现实生活中的很多年轻人总是在怨天尤人，总觉得上天对他们不公平，没有给他们天才的头脑，没有给他们灵巧的双手，埋怨父母没能给他们更好的生活，埋怨上天没有替自己选择更好的出身和社会地位。其实，上天对任何人都是公平的。上天给了每一个人一种特有的才能，只不过有些人发现了，并通过自己的努力，把那项技巧开发出来了；而有些人则只顾着埋怨，或者懒惰，或者贪婪，或者没有机会，却忘了开发自身所特有的技巧。

就音乐方面来说，上天给了贝多芬很高的天分，但同时给予他的灾难也同样多，甚至超过了那一点天分。可是，通过对天分的充分开发，贝多芬取得了非凡的成就。贝多芬生于一个不幸的家庭，父亲碌碌无为且嗜酒如命，甚至连家人是否有足够的吃穿都从未过问。为了成全自己把贝多芬培养成为自己的摇钱树的愿望，他不惜打骂贝多芬，使贝多芬常常在疲倦和疼痛中睡去。

然而，当贝多芬刚刚获得成功的果实的时候，他却突然发现自己正在逐渐失聪。那时，他才26岁，正是一个人最可能取得巨大成功的年龄。而一个音乐家的失聪代表着他视为生命的音乐，随时可能离他而去。

31岁的时候，他爱上了朱列塔·圭恰迪尔，可是她却与一位伯爵结婚了，他曾为此写下遗书。面对这样的不幸，面对希望和热情、失望和反抗的交替经历，他却发出了“要扼住命运的咽喉”的呼声，最终为世界留下了大量的不朽作品。贝多芬通过自己的不懈奋斗，真正做到了把命运掌握在自己手里，用自己的意志抗拒了命运对自己的沉重打击和巨大不公。

我们有理由相信，只要自己愿意，完全可以过得比现在更好。成熟的人会把上天给他的一切磨难作为考验，最大限度地实现自己的梦想，为自己的梦想负责。只有那些胆怯的、不负责任的人，才会把自己的不幸推到上天的头上。实际上，不能更改的命运真的是少之又少。

其实，老天给予每个人的同样多，无论是才能还是灾难，所以每一个人在命运上都是平等的。所有的努力就是为了与那些命中注定的灾难抗衡，只要我们战胜了那些灾难，就可以打破命运的平衡，命运的天平就会向我们倾斜，好运也就会追随而来。

无论别人怎样评论你的努力，觉得你天生命不好，觉得你会徒劳无功，但只要你自己坚持拼搏，就不要在乎别人的评论。成功的人在大多数之外，绝不是因为大多数的人不够幸运，而是只有他们能够坚持己见，能够不顾及别人的眼光，在自己认定的路上走下去。因为，他们知道命运掌握在自己的手里，而不在别人的嘴里。

一个人的态度和行动决定了他的命运，虽然在这过程中，别人的鼓励是必不可少的，但作用却是有限的。想要改变自己的命运，就要改变自己消极的态度，改变自己平庸的想法，改变自己瞻前顾后的习惯。

依赖他人，你只能成为他人的附属品

一个人想要有所作为，就要学会靠自己去成功，而依靠他人永远不会成就杰出的自己。一个人的工作可以让别人帮你做，饭总不能让别人帮你吃；实际动手的事可以聘请他人来帮助你，思考却没有人能够帮你；别人可以帮你管理，却不能代替你提高能力。一个人不仅要学会合理运用众人的智慧和劳动，还要学会靠自己来增长才干，靠自己去成功。

人们常说：“在家靠父母，出门靠朋友。”可现实中，有几个人是靠朋友的施舍生存的呢？说我们靠父母，倒是确有其事。不少年轻人，一出生就是家中唯一的宝贝，几乎所有的人生道路都是父母帮助铺好的，只要乖乖地在上面走就不会出现大的差错。不过，如果你想成为一个杰出的人，那么按照父母的安排去做事恐怕是远远不够的。

一个杰出的人首先要有自己独特的想法。这是没有人能够帮你办到的，只有你自己在学习、实践的过程中，形成对世界、对人生的独特看法，才可能让自己的目光更深远，让自己的眼光更准确。然而，一个任人摆布的玩偶是不会有自己的想法的。

一个人想要成为杰出人士，就要不断地为之奋斗，而这种奋斗绝不是只依靠别人就能够做得到的。父母可以给你铺好路，但是他们铺就的道路绝大多数都是用他们认为对你最好的那条路，而不一定是适合你的。有自己的想法，清醒知道自己将走哪条路的人，最终才会沿着自己的路到达自己想要到的地方，而不是别人想要你到达的地方。

现在所能看到的那些成功人士，他们往往是靠自己经过了一番艰苦卓绝的奋斗才获得了非凡的成就。松下电器的创始人松下幸之助，出身于贫民，既没有显赫的家世，也没有优越的人际关系，他的成功完全是靠自己一步一步打拼出来的。当美国生产的家用电器传到日本时，松下幸之助立即决定辞去原来有着固定收入的工作，和妻子两个人在没有资金和相关工作经验的情况下，着手创业。他的第一个产品是双插座接合器，制造工厂就在他家的客厅。就是靠了这样的独自拼搏的精神，松下电器才在十年内成为日本电器行业的领导者，而松下幸之助也成了“卓越”的代名词。

在现实生活中，我们往往习惯于依靠他人。比如，不少女性希望嫁一个能力不凡的丈夫；不少男人希望得到贵人、伙伴的帮助；不少刚刚参加工作的年轻人希望得到一个天赐的机会。这些都无可厚非，能够依靠别人的力量和智慧去追求自己想要的东西本身也是一种能力。但是，依靠别人是不能够成就自己的，因为这些人一旦离开你，不再帮助你，你会发现自己寸步难行。与其陷入这样的尴尬境地，为什么不让自己成为一个被大家依靠和需要的人呢?

杰出的人懂得，只有掌握在自己手里的实力是不会消失的，只有自己的人格魅力和品格不会背叛自己，只有自己的思想是别人拿不走的，因此他们总是想方设法充实自己，成就自己，并依靠自己去成功。

靠在人堆里来寻找安全的感觉是这个世界上风险最大的事情。虽然你不是自己在战斗，但别人也不可能代替你去战斗。想要成就杰出的自我，就要靠我们自己不断地独立思考，不断地充实自己，使自己变得更加优秀。父母能替你铺路，却不能替你走路；老师能够教给你知识，却不能帮你把知识转化成智慧；别人能够影响你的态度，却不能成就你的未来。

成熟的人懂得为自己的人生负责，懂得不依靠别人，懂得独立思考，更懂得走自己的路，因此他们总能比别人更加成功。

你的竞争力，来源于你的特色

做自己永远比学别人更轻松，更容易得到他人的认可。每一个优秀的人的成功模式，都带着鲜明的个人色彩。当大家实力相当的时候，个人特色就成为一个人赢得竞争的砝码。

一个人的核心竞争力不是知识，也不是做事能力，而是那些别人学不到的地方，是只属于自己的品格和智慧。当一个优秀的人达到了一定程度以后，可能在人际关系上、技术上、管理方式上以及心理素质上都是旗鼓相当的，这时候靠什么决定一个人的胜败？特色。一个人的特色往往能决定他的命运，决定他最终是胜出还是被淘汰。

有的人，凭着一往无前的拼搏精神和敢闯敢干的勇气胜出；有的人，凭着用不尽的激情和热情胜出；有的人，凭着冷静、严谨的分析胜出；有的人，凭着灵活而机智的头脑胜出；有的人，凭着泱泱大度胜出；有的人，凭着真诚守信胜出。那么你想好了吗？你将凭着什么胜出？什么特质将成为你的自我特色？

那些自身看来毫无特色的人，常常都是庸人，而一个杰出的人往往都有着强烈的自我特色。古今中外，无论哪个领域的杰出人士都是如此，比如李白靠的是他的潇洒自若，仿佛谪仙人的气度；迈克尔·杰克逊靠的是他无与伦比的舞台表现力；贝多芬靠的是他抗击命运的坚毅等。总而言之，一个人拥有自己的独特之处，拥有自己的特色，更容易被人们注意和发现，从而更容易在竞争中胜出。

年轻人不要轻视自己的特色，一定要着力培养自己本该有的特质。很多年轻人都推崇“中庸”之道，认为没有特色就是最大的特色。一个人做人尽管可以“低调”“中庸”，但是做事却应该有自己的特色，或者谨慎周密追求完美，或者眼光准确、决策迅速，或者雷厉风行、做事果断，而不应该畏惧别人的眼光，让自己成为一个毫无特别之处的人。

在这个世界上，要么是庸庸碌碌的凡人，要么是个性杰出的大师，我们应该宽容别人的特色，并培养自己的个性特色。

怎样培养自己的特色？应该从以下三个方面去实施：

（1）勤于思考。不同的思想是一个人有别于他人的根本。勤于思考的人，做事方法和思想深度往往都和别人不同。阅读是解读他人思想的一种方式，我们可以通过阅读看到别人的想法，看到更深远的世界。思考则是对自己内心的深入研究，也许通过一次阅读就能够引起自己心灵的共鸣，引发自己独特的思考。年轻人一定要勤于独立思考，遇到事情有自己的想法和思路，这样很快就会有自己独特的思想，从而形成自己的独特观点和做事方法。

（2）对于自己个性上有缺点的地方，不要急于改正，而要看它对你所做的事情有没有积极的帮助。每个人性格上都有一点特别之处，对于那些缺点，不要一律否定，不要急于改正，一定要看看它对你目前或将来的事业有没有阻碍，有没有帮助。因为，有时候缺点恰恰是成就自我的主要因素。李白飘逸潇洒，却成就了他诗人的人生；李煜浪漫多情，却断送了他帝王的前途。

新东方的创始人俞敏洪性格温和，所以新东方由小变大和在公司改革的过程中变得极其的艰难。但是，他更加明白这种温和的意义，“如果我是以一种非常强硬的姿态出现在新东方人的面前，那么新东方早就散架了”。新东方人都是知识分子，而知识分子最怕的是自尊心和尊严受到伤害，过于直截了当的语言是不能接受的。“（我的这种性格）算是一种黏合剂，因此大家感情上不会受到彻底的伤害。虽然互相伤害是有的，但是不会感到被彻底伤害。相反，如果我受到了彻底伤害，而我是能够吃得住的，那么这样就比较好办一点。”正是因为他这样看上去“温和”的性格对团队的团结起了很好的作用，使得新东方没有出现大的裂变，而是一直向前发展。这不仅仅是俞敏洪的一个特色，也是新东方的一个特色。

（3）敢于做独一无二的自己。一个人想要形成自己的特色，肯定会受到周围人的质疑。凡有自己独特见解的人，最初都会受到怀疑甚至打击。越是有棱角的人，越是会受到更多的磨砺，而越是受到磨砺的人才会越杰出。想要形成自己的特色，想要自己的特色被人接受，就要能够接受别人的冷眼，并通过自己的不断努力来获得大家的认可。

在这个世界上，人类是最特别的存在，而人类的存在证明，用特色求竞争才能在竞争中生存。

第5章　找到发力点，才能让一切忙碌的日子终有所获

忙碌的人生是充实的人生，但并不是所有的忙碌都会有成果，一个人的忙碌状态决定了他能够有多大的成就。成熟的忙碌状态是有适合自己的方向，勤于思考，而又有章有序的。成熟的忙碌状态可以让我们不仅有策略，还会有成果；不但有充实的工作，还会有丰富多彩的生活。从而让我们在工作和生活之间，在忙碌和享乐之间，在成就和健康之间，找到最佳的平衡点。只有这样的忙碌状态才值得提倡，只有这样的忙碌，才是健康、成熟的。

带着兴趣工作，忙而不乏味

年轻人总喜欢使自己处在忙碌的状态，认为这样就可以证明自己在重要的岗位上，有一种到处被需要的感觉。忙碌的状态并不错，但一定要忙而有目标，一定要向着一定的方向努力、忙碌，否则，就容易陷入茫然，陷入生活的迷雾；忙碌并不错，但一定要忙而有顾，要围绕着自己的兴趣爱好选择自己的职业。

在日常工作中，能够从事自己最喜欢的事业，那是一种福气。有人说："工作要爱你所做的。"这并不错，如果自己本

来并不喜欢某个职业，很无奈，只好在这个职业中打滚，那爱你所选就是一种无奈的安慰。这大概就像一场不是很爱，但试着接受并且爱上的婚姻，总觉得有点勉强。当然，最好的状态就是因为喜欢所以选择，并且因为选择了而更加喜欢。

一个人能够为自己喜欢的事业做点事情，感觉是很幸福的；如果在自己喜欢的职业上取得了成功，就会更加满足。围绕自己的兴趣爱好选择职业，可以让人生少很多遗憾。一个人对一个行业感兴趣，如果始终没有进入这个行业，无论多么成功，他也总会有一点淡淡的遗憾。

李嘉诚曾经说过这样一段话："对我自己来说，我曾经经历过几个不为人知的夜晚。其实，我并不喜欢做生意。我在1950年开始做生意时，我是准备用三四年时间让这个公司成功之后，就把这个公司卖掉，然后拿卖公司的钱再到学校去读书。我父亲、祖父、曾祖父都离不开教育，他们都是读书人。因为战争和贫穷，我到中国香港无法读书，但我10岁时已念到初中了，我小时候还是喜欢念书的。我以为做几年的公司再去念书，但是我需负担整个家庭。后来，发生了一个意外，生意伙伴亏了钱，所以我不得不继续做下去。"

由此可见，即使成功如李嘉诚者，也会觉得有遗憾。原因就在于他没有能够在自己喜欢的、感兴趣的领域做过事情。当然，后来他捐建了许多中学、大学、图书馆等来弥补自己的遗憾。如果李嘉诚真的在教育方面发展过，可能他并不那么成功，但他肯定会更愉悦。

每一个领域，进入一个阶段以后都会变得枯燥乏味，而人们凭什么可以熬过这个阶段？有人靠毅力，有人靠兴趣……其中，靠兴趣熬过这个阶段肯定要容易得多。因为，好奇着前面还有怎样的奇景，并且自己对这个领域是衷心热爱着的，这样的情感可以帮助你更容易克服枯燥的感觉；而如果真的凭毅力，那该是多难熬啊！一个人肯定会对自己喜欢的，并已经选择了的职业更加投入，也许这就是所谓的负责吧。

30岁之前，一定要找到自己真正感兴趣的职业。当然，每一个人的兴趣都是广泛的，但是你不可能有接触自己所有兴趣的机会，充其量有两三个机会来选择。因此，找出你衷心热爱着的，而又在这方面有一技之长的职业，并专心地做下去，最终才可能获得成功。

在日常工作中，当一方面忙着自己不知道是否喜欢的工作，另一方面却想着自己喜欢的职业是什么样子的，那么你的工作专注度就会受到很大的影响。与其将来一边想着工作，一边想着如果当初我选择了……不如在就职前就做好慎重的选择，或者多从事几项职业，找出自己最喜欢、最感兴趣的，留在那个行业里工作会比较开心。

大家还记得“南辕北辙”的故事吗？在一个不正确的道路上越前进，跑得越快，目标就会离你越远。弄清楚哪条道路才是达到自己终极目标的道路，弄清楚哪条路对于自己来说才是正确的路，对一个人至关重要。年轻人可能会多次走错路，但这都没有关系，只要你在那条路上走得还不太远，都可以选择回头。忙而有顾，这个“顾”就是希望大家在忙碌的时候，能够回头思考一下自己选择的路是否正确，是否适合自己。

哪些可以作为职业，哪些仅可以当做业余爱好，每个人都应该有自己的判断。在那些可以走得很远、很坚决，而又能够满足自己兴趣的道路上走，你才可能一路开心，也才可能有所成就。

带着大脑工作，思考自己想要的是什么

成熟的忙碌状态，应该是一边忙碌一边思考的，而不应该像无头苍蝇那样，到处乱飞乱撞。古人讲究“学而有思，思而有创”，其实无论做什么事，一边忙碌一边思考，或者用思考指导行动，才是正确的方式。做事不能机械，选择人生更不能盲目乱撞，一定要真正清楚自己想要的到底是什么。只有这样，你才能够有所思，也才能有所为。

年轻人要善于思考，才能在思考中找到方向，得到长进，而那些未经过思考就作出的决定一定是最不理智的。不要整天忙于庸庸碌碌的事情，一定要抽出一段时间进行思考。决定前，要思考怎样做对自己才最有利；决定后，要思考怎样落实才能最快，最有创意；实施过程中，还要不断思考怎样才可以

省心、省力、省时间。总之，思考应该成为年轻人的常态。

“忙”是实践，“思”是指导，正如人们常说：“多经一事，多长一智。”忙的时候，也是智力增长的好时机。但如果仅仅是做事、忙碌，而不屑于思考，恐怕也难有大的长进。我们要重视实践，也要注重对实践过程和结果的反思，因为只有一边实践一边反思，才能更多地掌握规律、积累经验。在事业的转折点上尤其如此。当不知道自己到底想要什么的时候，我们常常会做无用功。有一个或多个明确的目标，可以让我们的前进方向更明朗，让我们做事少走弯路。

现在开始就想一想什么是你想要的成功？什么是你想要的人生？金钱，地位，名声？这些都是工具，或是载体，你到底需要什么？美国社会心理学家马斯洛曾经提出“需求层次论”，把人生的需求按照重要性和层次性排成一定的次序，分别为生理需求、安全需求、社会需求、被尊重需求及自我实现需求五个方面。虽然，这里没有必要详细解释每一个方面究竟是什么意思，但你也要在这五类当中选择出自己希望的理想状态。比如，你希望自己处于一个怎样的生存状态？是只要满足最基本的物质需求就可以了，还是希望得到更高的享受？很多成功人士，他们对于生存的需求可以说是很简单的，甚至也是很朴素的。因为，没有人可以在这五个方面得到完全的满足。比如，孟子所说的“舍生而取义”，就是满足了自己的被尊重需求，而舍弃了生存。

明白自己想要什么，你就会对自己想要怎样的生活有了一个大致的概念。比如，我想要成功，不计一切手段，那就是说你必须舍弃一些享受；我想要趁着年轻，享受生命，享受一切美好的东西，可能就意味着你暂时要舍弃很多东西。

懂得自己想要什么，懂得自己必须因此而舍弃什么，对于年轻人来说是非常重要的。因为，这是你忙碌的目的，是你最终要到的地方。如果从没想过到哪里去，那你就不会知道哪条路是对的，你也就无所谓达成目标，也就没有成就感。

现在开始，就必须想一想自己真正想要的到底是什么。当然，不同的人生阶段有不同的需求。弄清楚自己目前阶段最需要的，可以帮我们更有目的、更明确地做事。我们必须想清楚，成功对于自己意味着什么？是数不清的财富？是我们心灵能够靠自己的能力完成一件事情的满足感？是人们羡慕、信任的目光？还是一个幸福的小家？

只有把自己的需要具体化、视觉化，才能让自己在前进的过程中，不被迷惑，不走弯路。同时，我们还要想清楚怎样做，才能获得更多的技巧，运用怎样的技巧，才可以把想做的事变得更加简单、明晰？在思考和实践的过程中不断增加智慧，然后用智慧去指导自己的行为，这才是忙碌的正常状态。

一个成熟的人，应该在忙碌之前，想清楚自己为什么而忙碌；在忙碌的过程中，想清楚自己怎样才能让自己变得不那么忙碌。忙碌中的思考，最有利于提高我们的谋划、驾驭及应变能力。年轻人应该做到忙而有思，不能碌碌无为。

忙到点子上，不可眉毛胡子一把抓

一个人如果忙在点子上，那么就会很容易看出效果；如果总是忙不到点子上，那就会看起来很忙碌，却一点成效也没有。每个人的时间和精力都是有限的，如果总是在处理那些可做可不做的事，那就看不到自己的成绩。正所谓“好钢用在刀刃上，好活忙在点子上”。

比如做菜。如果你一直在忙那些洗菜、切菜的活，就算你洗切得再好，菜也不是你做出来的，功劳也不归你。五星级大饭店的大厨，只做最挑剔客人点的几道重点菜，可他们却是后厨最不可缺少的人。由此可见，功劳最大的人一定不是那些最忙碌的人，而是那些平时看起来并不忙，可关键时刻却能够出得上力的人。

小丽在超市做推销工作，平时除了推销之外，她与几个同事还要负责清扫、配货及搬运等工作。小丽不擅长处理这些杂事，可她却很善于推销商品，就总是待在离门口最近的地方等待顾客；然而，她的同事们很不情愿和顾客们打交道，只得做那些杂务。可到月底，因为提成，小丽总是拿到最多的薪酬。同事们心有抱怨，向老板告发她不做杂务。小丽也觉得不好意思，只得要求老板把自己的底薪撤掉，只凭提成拿薪水。可是，就算这样，小丽的薪水仍然高于周围的同事。不久，小丽就做了她所在超市的店长。

由此可见，一个人有没有成就，有没有功劳，绝对不是根据他的忙碌程度来计算的。有人喜欢说："没有功劳，也有苦劳。"这种观点是不正确的。因为，在现实社会中，没有功劳就等于没有一切，而不管你有多辛苦、多忙。

怎样让自己忙到点子上呢？那就要看你所在的部门最重要的事情是什么，或者每天都有哪些重要任务，而不要在无关紧要的事情上多耽误时间。当然，一个刚刚进入公司的年轻人，大家可能不会把多重要的事交给你，在做好做完美那些"所有人都能干好的事"之后，不要顺手扫地擦桌，如果你不是第一个月进公司的话。

不妨看看周围的人都在做些什么吧，不妨向领导汇报一下自己的工作和想法，看看自己还能在哪些事情上帮上忙，或者想一想公司最近好像有什么动向，有什么决策，主动争取一些任务等。如果你在业务部门工作，那就明确多了，因为你的终极任务就是争取更多的订单，推销出更多的产品，或者把自己的公司介绍给更多的顾客。

一个人是否忙到点子上，不是看他是否做好"分内的事"，而是看他在"分内的事"之外，还做了多少。在日常工作中，没有人能够明确地告诉你到底要做什么，而只会告诉你把一件事做好，或者把另一件事忙一忙，至于做到什么程度，谁都不可能规定。很多时候，有些人忙是因为别人把不是他分内的工作，都推到了他的头上，使他分身乏术。这时，想要忙到点子上，显然是不可能的。

年轻人肯定会遇到这样的事，同事拜托你的事可以拒绝，如果是领导让你做的呢？那真的会让你忙得焦头烂额，与其这样，不如工作只做一半。比如，领导让你把某个案例做一做，你只要拟定好大概计划或提纲，并做出重点提醒别人就足够了。具体的事你可以说自己分内的事情还没有做完，而把余下的环节留给领导，或者交给有时间的人去做，再或者交给你目前正在带的新人。这样并不为难，既锻炼了自己的能力，又不会让自己消耗过多的精力在繁杂的事务上。

其他的事情也是这样，不仅仅是工作，家庭中的事务也一样，你不可能每天抽出时间大扫除，也不可能每天都有心情请客吃饭或浪漫一番。做到点子上对于你说至关重要，打一个电话只需要花15分钟，可把这15分钟用到哪里效果是不一样的。用于和恋人情意绵绵，她只会觉得你在敷衍——有时间不如约出来一起吃顿饭；用于和客户聊天，他会觉得你不尊重他——你应该在工作时间上门拜访；用于和爸妈聊天，他们会感觉很幸福——孩子这么忙居然抽出时间打电话，亲人会非常感动。

每天写几行文字，你会变得更理性；每天做几分钟运动，你会变得更健康；每天多思考一小时，你会变得更成功。时间用在哪里，你的收获就在哪里。我们要学会把时间用在能够积累自己，让自己变得更充实的地方。

有章可循，让工作按部就班

忙而不乱，就需要有章法，需要有流程，我们为什么要按照流程做事？除了能够不让事情显得混乱以外，还能够让我们少出错，就算出了错，也能够让我们以最快的速度找出漏洞，并弥补好。繁星动而不乱，百舸争流而不塞，皆因有章法，有顺序，才会忙而不乱，有条不紊。

年轻人做事常常做不到这一点，他们喜欢随心所欲地做事，想做什么就做什么，甚至不按照领导的吩咐做事。往往领导向他要这个案子了，他才想起来：不好，昨天一忙就把这件事忘了，案子刚刚做了一半。于是，放下手头的事情，开始忙领导要的东西。等这件东西刚做完，好不容易喘口气吧，又来催命的了，于是总是把自己忙得焦头烂额，还整理不出一个头绪来。这样做事，既不容易出成绩，又容易给人造成你这个人随性、邋遢、能力不足、难成大事的印象，对你的职场生涯极为不利。

想要让自己表现得井井有条，做事明快果断、利落，不拖泥带水，就要养成按照流程办事的习惯。首先，要学会制订计划，每个人每天都有忙不完的事情，而这些事情不可能在一天内全部完成，一份详细的计划，是让事情按照自己的意愿进行的前提。

做计划也要讲究方法。当领导交给你一项任务时，你首先要弄清楚，这件事情最晚什么时候必须解决好，在之前的一两天就把整件事情办好交给领导。然后，衡量这件事情，大概要进行多长时间，把每天的工作量都安排出来，按照事情的重要程度安排到最适合的日程表上，当然其中可能因为流程的原因而拖延的时间也要计算在内。比如，很多单位星期六是不办公的，如果忘了计算这一点，就很有可能造成被动。

计算好了整体的安排以后，还要对自己每天安排多少工作量，哪件事在前，哪件事在后，有一个基本的安排。对于年轻人来说，最大的浪费就是因为忙乱而造成的时间浪费。很多事情人们归结为“忙中出错”，其实都是因为没有按照流程做事，以至于导致漏洞，最后漏洞越来越大，造成不可避免的损失。

曾经发生过一起银行存款失窃案，其原因不过就是银行的操作员在存款开户时，客户手续不全，缺少单位的税务登记证和机构代码，也没有单位负责人的授权委托书，但因为是银行行长的弟弟带来的，所以没有按照流程操作，违规开户。最终，让不法之徒有机可乘，造成了客户1500万元的损失。

当然，其中还有很多细节问题，比如，客户资料没有妥善保管，违规对账等，导致了一个无法收拾的局面。一个国有大银行，居然在如此多的地方存在着管理漏洞，仅仅因为“人情”二字，就给客户造成了如此大的损失，令储户们寒心。可因此一事，又会对这家银行的信誉造成怎样的影响，潜在中又失去了多少客户，这就是不好计算的了。

30岁以前从事的事情，可能没有那么至关重要，如果不照章办事，轻则让事情杂乱无章、没有眉目，重则会让自己无意中犯下重大的错误。没有一个人会不犯错误，尤其当一个人凭感觉做事的时候。每一个企业的规章制度，每一个行业建立的流程，绝对都有它的合理性，是经过前人千锤百炼才总结出来的管理理论，是经过无数次的整合和实践才总结出来的，行之有效的方法。下面就以看似简单的流水线作业来说吧。

20世纪初，在福特汽车公司内，专业化分工非常细，仅一个生产单元的工序就多达7882种。福特通过反复实验，确定了一条装配线上所需的工人数目，以及每道工序之间的距离。这些全是通过最精确的数字计算和反复实践的结果，不要看不起这些，打乱一个小细节，整个流水线就会瘫痪。

做事情，如果随心所欲，在平时可能仅有点忙碌，手足无措。可是，一旦到了真正需要相互配合，严丝合缝的协调工作的时候，这种杂乱无章的状态就会带来很大的乱子。所以，忙也要有章有序，从现在开始，分析造成混乱的原因，通过科学的方法，来调整混乱的状态，从而高效地工作吧。

分清主次和缓急，让一切忙而有序

做事情只有忙而有序，才能有张有弛从容不迫。面对繁杂的事务，一定要排个计划，分出轻重缓急，逐一落实，这就要求大家要用到一个重要工具——日程表。日程表是一个成熟的职场人士必不可少的东西，有了它，我们甚至可以把自己的每一秒钟都充分利用起来；有了它，我们可以安排最重要、最繁复的事情，在自己精力最充沛的时间段来做；有了它，我们的做事效率能够提高很多。

每个人每天都要处理很多事情，有的事情需要马上去做；有的事情需要今天做一点，明天做一点，慢慢积累着做；有的事情很简单，只要五分钟就足以搞定；有的事情需要花费我们整整一个上午的时间，才能处理好。那么如何来安排各类事务呢？下面的事例给了年轻人很好的借鉴。

美国某汽车公司总裁莫瑞要求秘书给他呈递的文件，要放在颜色不同的公文夹中。红色的代表特急，绿色的要立即批阅，橘色的代表这是今天必须注意的文件，黄色的则表示必须在一周内批阅的文件，白色的表示周末时必须批阅，黑色的则表示是必须他签名的文件。

如果你也能够给自己做一个计划表，把一段时间内，比如一天内需要做的事情计划出来，然后合理安排一段时间来做某件事，事情会进行得有条不紊，你处理事务的效率想必也会大大提高。你首先要把每天需要做的事情都写下来，然后根据事情的重要程度和紧急程度分一个类别。具体分类方法如下。

（1）紧急但并不很重要的事情。这类事情很紧急，往往刚一上班，领导就紧催着要，但是其重要部分已经完成，只剩下了如签字或复核之类比较简单的事情，而你首先要处理的就是这一部分内容。因为，从一个悠闲状态进入一个紧张忙碌的状态，都是需要一个过程的，如果这时候作重要的决定，往往会比较草率。做一些紧急的，简单的工作对于你来说相当于运动前的热身，是有很大必要的。

（2）重要且紧急的事情。这类事情对你来说是最重要的，而且是当务之急，只有迅速解决完，才能顺利进行别的工作。这种事情紧急而重要，你必须把它们处理好，不能再拖延。这样的事情应该在热身完后立即处理，因为这个时候你已经进入了工作状态，精力是最旺盛的，注意力是高度集中的，思路清晰，思考速度也很快，把紧急而重要的事情，放在这个阶段做，会既谨慎周密，又快捷高效。

（3）重要但不紧急的事情。总有一些事情是不紧急的，但它关系到你的长远发展，而且它需要你日复一日地慢慢去积累，去做。因为，它们没有规定的期限，或者期限比较远，没有人催促，你可能就会一直拖下去。这些事应该放到时间充裕的下午去做。因为，处理这类事情并不需要花费很大的精力和很高的注意力，所以用下午时间来处理这样的事务再适合不过了。

（4）不紧急也不重要的事情。总有一些这样的事，根本不需要处理，随着时间的流逝，这件事情就没有意义了；或者不需要即时处理，只要在闲暇时间顺手做一下就好了。比如，浏览报纸的娱乐板块，整理一下书桌，做做准备工作等。这些小事情，只要在喝水休息的时候，顺手做一下就会做得很好，而没有必要为这种小事单独安排时间。

（5）意外发生的事。每天都难免要处理一些意外的突发状况，它会打乱你的日程表，花费很多精力和时间。如果意外状况没有紧急重要到必须马上处理，那么在你的工作进展到一定阶段后再处理它是最好的。如果比较紧急，也比较简单，那么就需要马上处理，然后回到工作状态才是最好的方法。总而言之，要视意外的紧急程度和复杂程度而定。

每个人每天都有很多必须要处理的事情，把事情分出轻重缓急，用全部的精力和黄金时间应付那些最重要的事情，才能提高你的工作效率。这样才能做到忙而有序、有张有弛，说不定还能忙中偷闲呢！

别忙而无效：做事果断决策、善始善终

虽然很多年轻人整天都在忙碌，可却看不到一点效果，看不到一点成就。事情做到一半，或者仅仅有计划，而没有行

动，没有落实，效果跟没做是一样的。做事最怕有头无尾，有决策而没有落到实处，没有人会在意你在工作的过程中付出多少辛苦，或者有了多大的进展，他们要看的是你的成绩。因此，所有的老板都会告诉你："我不需要了解过程，我只看结果。"就算你有一千个计划，一万个正在进行的行动，也不如有一件落到实处的事。只有真正掌握在手里的才是财富，只有真正做完的事情才是功绩。对于个人来说，最艰难的时刻就是那些决定的时刻，因为人很容易逃避现实，明明知道怎样做才是正确的，可就是下不了决心。

每件事情，你不可能在做之前就做好了完全的准备，所以你要担心的并不是出了问题怎么办，而是你决定是否要做，并且要怎样做。出现问题、矛盾并不可怕，可怕的是你不去解决它，它就会成为你的心事。只要下了决心，做好了决定，就可以找出无数种方法来应对事情解决过程中所出现的问题。

很多年轻人之所以一直忙碌而没有结果，就是因为他们不能下定决心要做这件事，他们总是在左右摇摆、犹豫不决，于是很多事情就悬在那里了。一件事情总是在等待解决的办法，对于事情的进展没有任何好处，而且还会不断消耗你的精力。因为，你每考虑一次这件事，就要把所有各个方面的事情都考虑一遍。逃避不能解决任何问题，唯一能解决问题的方法就是下定决心，一定要去做。至于怎样做，则是"车到山前必有路"的问题了。

还有一部分年轻人之所以忙而无果，是因为他们总是在决定之后没有落实，或者事情做到一半就不再坚持了，结果导致很多事情都是有头无尾；或者同时推进几个项目，但因为精力有限，导致事情后继无力，最终只得不了了之。这样的事情可能每个人都干过，如果接着这样做下去，你会发现虽然自己每天都在忙碌，但是事情却没有一点眉目。

想要忙有所得，忙有所获，就必须要摆脱总在进度当中的状态，要让每一天都有收获，每一件事情都有一个限制期限。做好了决定，就一定要立刻行动起来，不能拖沓，更不能半途而废，并且要做到这件事情有一个最终结果。当然，事情并不一定是耽误在自己手里，很可能别人也会拖沓，也会不把事情落到实处，这就要有坚持的精神，看不到成果就要一直追查、追问，紧盯不放，直到有结果为止。

做一千件半途而废的事，也不如做一件完完整整的事情。做事的过程中不要找任何借口来推脱，因为成功者只找途径，失败者才会找借口。如果能够做到这一点，那么你就是一个好的执行者，一般的年轻人在公司都处在执行者的位置，执行力是唯一能够自傲表现自己的地方，如果连执行也做不好，何况是决策呢?

面对领导交待下来的事情，成熟的年轻人只能回答："好，我马上去做"和"是，我一定尽力做好"这两句话，而不能有考虑、推诿的借口和理由，只有这样才能做到忙而有效、有成就、有收获。

下篇

定心修身，静听时光温柔

第6章　风雨人生，心定心安方能悠然自得

《幽窗小记》里面有这样一副对联：宠辱不惊，闲看庭前花开花落；去留无意，漫随天外云卷云舒。寥寥数语，却深刻道出了人生对事对物、对名对利应有的态度：得之不喜，失之不忧，宠辱不惊，去留无意。现代社会中的我们，也应该拥有这样一份饱经世事的心态，才可能心境平和、淡泊自然。只有做到了宠辱不惊，方能心态平和，恬然自得；只有做到了去留无意方能达观进取，笑看人生！

世事无常，心定才是快乐幸福的法则

生活中，我们常希望自己和他人“万事如意”，但这也只是我们美好的愿望，事实上，世事多变，雨雪风霜，人生中有许许多多我们始料不及的事情。如果我们希望成就一番事业，就必须做到内心淡定，始终朝着目标前进。很多成功者在经历种种坎坷后，回望身后的辛酸血泪之路，都会发现，内心淡定的人才是最后的赢家。

从前，有一个养蚌人，他想培育一颗世界上最大最美的珍珠。

这天，他来到大海边挑选沙粒。他问遇到的沙粒，它们愿不愿意经过磨练变成珍珠。这些沙粒一听，变成珍珠要经受很多痛苦，没有阳光雨露，没有空气，远离海洋，就都摇头。

养蚌人一次次被拒绝，他都快绝望了。可就在这时，有一粒沙子答应了。因为，它一直想成为一颗珍珠。旁边的沙粒都嘲笑它，说它太傻。但这颗沙粒还是坚持和养蚌人走了。

一转眼，几年过去了，那粒沙子已经长成了一颗晶莹剔透、价值连城的珍珠，而曾经嘲笑它的那些伙伴们，有的依然是海滩上平凡的沙粒，有的已化为尘埃。

事实上，我们成长成才的过程又何尝不像这颗珍珠呢？你忍耐着，坚持着，当走完黑暗与苦难的隧道之后，就会惊讶地发现，平凡如沙子的你，不知不觉中已长成了一颗珍珠。

宠辱不惊的人在面对生活的得意和失意之时都会有一种淡然的心态，会懂得如何对待与处理问题。

首先，他会明确自己的生存价值，能够以这样的格言来勉励自己：由来功名输勋烈，心底无私天地宽。一个人若心中无过多的私欲，又怎会患得患失呢?

其次，他会认清自己所走的路，不过分在意得失，不过分看重成败，不过分在乎别人对自己的看法。他会坚信：只要自己努力过，只要自己奋斗过，做了自己喜欢做的事，还有什么心里放不下的呢？诚然，有时候，我们会遭遇一些命运的挫折，但除了认清事实、勇敢接受外，我们还必须努力改变现状，争取走出困境，争取美好的生活。当然这个过程，必定是个经受痛苦的过程，因此，保持一份平常心就尤为重要，否则，就会永远在痛苦中打转，找不到解脱的光明之路。

人的一生，会遇到成功，也会遇到失败，有一帆风顺的惬意，也有遭受挫折的沮丧，有不期而至的欣喜，也有排遣不去的惆怅，曲曲折折，是是非非，如何面对，关键是心态问题，适时调整好自己的心态，真正做到去留无意，也不是一句话的事。

首先，我们需要拥有一颗感恩的心，善于发现事物的美好，感受平凡中的美丽，以坦荡的心境，豁达的胸怀来应对生活中的每一份酸甜苦辣，让原本平淡乏味的生活焕发出迷人的色彩，那时你会发现，磨难与逆境也不过是飘来的“浮云”。其实，挫折也是人生的一笔财富。没有挫折的人生，从某种意义上来说是黯然失色的。说“挫折是人生的财富”，最主要的一点是挫折会让我们变得聪明，变得坚强，变得成熟，变得完美。当然，这需要我们经得住挫折。

其次，我们需要拥有一份平常心。人不可能总是大红大紫，不可能总是处于巅峰状态，也有可能处于低谷，也可能遭遇不顺，这就是人生。但总的来说，人生是平淡的，对待平淡的人生，我们也应该让自己的心静下来。懂得了这个道理，得意时你才不会猖狂；失意时你才不会绝望，孤独时你才不会心情惆怅。

总之，如果你能在荣辱面前泰然处之，在思想修养和意志磨练上下功夫，勤勤恳恳工作、实实在在做人，便能做到

“宠辱不惊，闲看庭前花开花落；去留无意，漫随天外云卷云舒”，漫漫人生，必将少去许多烦恼，增添几多欢乐。

低调做人，赢得他人的支持

中国有句俗语“低调做人，高调做事”，这其中的“低调做人”就是一种心态淡然的体现。

美国曾有位总统，为了庆祝自己连任，他曾向社会开放白宫，这天，他接见了前来参观白宫的一百多位小朋友。一位叫约翰的小朋友问：“你小时候哪一门功课最糟糕，是不是也挨老师的批评？”“我的品德课不怎么好，因为我特别爱讲话，常常干扰别人学习。老师当然要经常批评的。”总统告诉他说。总统的回答使现场气氛非常活跃。约翰问完后，一个叫玛丽的小女孩说：“我每天都不愿意去上学，因为我怕在路上遇到坏人。”此时，总统收起笑容，严肃地说：“我知道现在小朋友过的日子不是特别如意，因为有关毒品、枪支和绑架的问题，政府处理得不理想，我希望你好好学习，将来有机会参与到国家的正义事业之中。只有我们联合起来和坏人作斗争，我们的生活才会更美好。”

总统告诉小朋友们，自己的过去和他们一样，也常被老师批评，但只要经过自己的努力，也会成长为有用的人。总统在认同小朋友对社会治安的担心时，还鼓励小朋友参与正义事业，因为那样正义者的力量会更大。

总统放低姿态的谈话方式使小朋友们发现，总统和他们之间没有任何距离，也像他们一样是普通人，是可亲近的、可以信赖的“大朋友”，从而紧紧抓住了小朋友的心。即使场外的大人们看到这样的对话场面，也会感到总统是一个亲切的人。

相反，我们的周围，总是有一些人，他们确有实才，但却不懂得为人处世之道，让人觉得狂妄自大，因此别人很难接受他的任何观点和建议。他们多半都想表现自己，显示自己的优越感，但却常常适得其反。妄自尊大，高看自己，小看别人的人总会引起别人的反感，最终在交往中使自己走到孤立无援的地步，失掉了在朋友中的威信，而那些谦让而豁达的人总能赢得更多的朋友。

从前，有个很出名的画家。这天，他闲来无事，和弟子一起去画廊看画。看到有客人来，画廊一位漂亮的小姐出来接待。他们一路看，小姐都紧随其后，为他做讲解。

这时，画家在一幅画面前停了下来，他开始细细地读画上题的诗句。但这幅画上的诗句是用草书写的，画家读到一处，便停下了，皱着眉琢磨一个认不出的字。就在这时候，那个画廊的漂亮小姐开口了：“您看不出来啊！是意思的意嘛！”只见画家脸色一整，沉声骂道：“这里有你多嘴的份儿吗？”跟着一转身，怒气冲冲地走出了画廊。

画廊小姐的错误之处在于急于表现自己，让画家没面子，因为爱出头而造人嫉恨。

在这个错综复杂、五彩缤纷的世界上，不同的人有不同的命运，有的人一生乐观豁达、与世无争，他们谦虚好学，平步青云，一路欢乐，让人赞扬和钦佩；有的人则骄傲自满、处处受阻，最终导致郁郁寡欢，碌碌无为，抱恨终生，遭人非议、鄙视、唾弃。很明显，我们都愿意做前者。其实，这两种人生境遇的差异，究其原因，是因为做人的“调”不同，低调做人是一种生存的大智，是一种韧性的技巧，是一种做人的美德。

热情是一种正能量，让你更受欢迎

有人说，生命就像一次旅行。在这段旅行中，我们会遇到艰难险阻，会遇到暴风骤雨，会遇到阳光灿烂，会邂逅美丽风景，会遭遇荆棘丛生，但无论如何，只要我们和自己的心灵有约，就会以全身心拥抱生命，即使饱经风霜，我们依然对生命充满热情，感悟生命中的点点滴滴；更要感受到生命之旅中，那些沉重的雨点扑向大地时所带来的震撼和激情。的确，夕阳落下了还有明天；鲜花落下了还有果实；青春落下了还有阅历。只要你会驾驶，帆落了还有桨；只要心中充满希望，月亮落下了，还会升起太阳。

对生活充满热情，我们的旅途就会时时处处生长着绿意和生机，我们的生命就会无与伦比的美丽。

有这样一个年轻人，他认为自己已经看破红尘，于是，他什么都不干，每天只是懒洋洋地躺在树底下。有一个智者见到此景，想开导他，于是就问他："年轻人，你年纪轻轻的，怎么不去工作、赚钱？"年轻人说："没意思，赚了钱还是要花掉。"智者又问："你怎么不结婚？"年轻人说："没意思，现在多少离婚的！"智者说："你怎么不交一些朋友？"年轻人说："没意思，交了朋友弄不好会反目成仇。"智者给年轻人一根绳子说："那这样吧，你干脆用它了结生命吧，反正也得死，还不如现在死了算了。"年轻人说："我不想死。"智者于是说："生命是一个过程，不是一个结果。"年轻人翻然醒悟。

这就叫"一句话点醒梦中人"。一个年纪轻轻的人，却变得暮气沉沉，什么都不愿尝试，对生活失去热情，这样的生命还有什么意义呢？安诺德曾说："世界上最糟糕的事，莫过于人类丧失了他的热情。只要仍保有热情，即使失去了一切，他仍旧能够东山再起。"热情的原义是"神在其中"，我们原本都拥有它，而我们应该做的，便是使它重燃。

生命是一个过程，不是一个结果，如果你不会享受过程，结果也没有任何意义。生命是一个括号，左括号是出生，右括号是死亡，我们要做的事情就是填括号，要争取用精彩的生活、良好的心情把括号填满。

怎么享受生命这个过程呢？要把注意力放在积极的事情上。生命如同一场旅行，记忆如同摄像，态度决定选择，选择决定内容。

因此，每天清晨，当我们起床后，都应该给予自己积极的心理暗示。有时候，如果你在内心告诉自己，我是健康的、积极的，那么，你就会健康、积极起来。假装热情，你也就会变得热情起来。然后照照镜子，给自己一个微笑，永远用你漂亮的面容，温暖而热情地对待你的家人。别忘了，是你主宰了你的家庭生活，你可以让每一天都光辉灿烂，也可以让每一天都阴暗忧郁。

曾经有一位演说家，很会鼓舞人心。一次，他到一家大型公司为员工们演讲，但就在他即将飞往这家公司时，班机却出现了一些故障，不得不停飞，于是，他辗转其他航线，终于抵达目的地。为此，主持人不得不打乱演讲人的顺序。但主持人极为不明白的是，这位演说家却在后台不断地跳上跳下，还一直捶打自己的胸膛。当主持人介绍完这位演说家后，演说家跑上台，作了一次非常精彩的演讲。午饭时间，主持人与演说家一起用餐，他说："你知道吗？你简直快把我吓坏了，你出场前在后台究竟在做什么呀？"他回答说："激励他人是我的工作，而且，我每天都在做。但在某些日子里，我实在打不起劲儿来，就像今天。我在后台只是'做出'热情的样子，然后我就会变得活力十足了。"

从这个例子中，我们可以学到很重要的一点：每天都充满热情，不但自己受益，还能感染他人，从而使他们和我们一样，享受积极而快乐的生活。

总之，无论我们经历过什么，从今天起，都要做个简单的人，脚踏实地，不沉溺幻想，不庸人自扰。积攒热情的力量，要快乐，要开朗，要坚韧，要温暖，永远对生活充满希望，对于困境与磨难，微笑面对。

秉持正念，坦坦荡荡做人

中国人自古把人分成两类：一君子，一小人。二者泾渭分明，难以混同。君子与小人有很多的划分标准，但在人们眼中，是否正直、坦荡则是最重要的标准之一。当一个正直坦荡，让人尊敬有加的君子，是做人的最高境界。的确，做人要正直、做事要正派，堂堂正正，才是立身之本、处世之基。身正不怕影斜，脚正不怕鞋歪，身正心安魂梦稳。品行端正，做人才有底气，做事才会硬气，心底无私天地宽，表里如一襟怀广。心术不正、口是心非，用心计，耍手腕，当面一套，背后一套，台上说君子言，台下行小人事，必惨淡收场。所以，做人一定要走得直，行得正，坐得端，一定要问问自己是否正直、公道。

在人类几千年的文明历史进程中，我们的先哲们在谈到正直为人时积累了许许多多的至理名言，给我们树立了做人的典范。孔子讲："君子坦荡荡，小人常戚戚。"莎士比亚说："世上没有比正直更丰富的遗产。"普柏说："正直的人是神创造的最高尚的作品。"我国唐代的魏征以正直谏言而被君王称为自己的一面镜子；开国元帅彭德怀不畏名利、顶着危险敢上万言书；共产党员张志新抱定信念宁死不屈；科学家李四光不服定论，硬是在北纬四十度以上找到大庆油田，为新中国建设立下赫赫功勋。因此，做一个正直的人不仅是个人发展的需要，更是社会进步的呼唤。

在正直的人心中，似乎有一种内在的平静，使他们能够经受住挫折甚至是不公平的待遇。

亚伯拉罕·林肯曾参加1858年参议员竞选活动，他坚持要发表一次演讲，但这次演讲却对他的竞选有负面影响，为此，他的朋友劝他不要发表。对此，林肯的态度是："如果命里注定我会因为这次讲话而落选的话，那么就让我伴随着真理落选吧！"他是坦然的。他确实落了选，但是两年之后，他就任了美国的总统。

这就是正直的力量，它能给人带来心怀的坦荡，赢得他人的信任和尊重。

那么，什么是正直呢？所谓"正"就是正确、公正、正气，就是不偏不斜、不虚伪、不轻狂，就是光明磊落，从汉字

“正”上下左右笔画的工整写法，我们可以看出祖先对正的理解和判断。所谓“直”就是豁达、坦率、真实，就是直来直去、不弯不绕，不随波逐流。正直在汉语里是重叠词，表达同一个意思，但从人品的生成和实践来看，二者是有逻辑关系的。先有“正”才能“直”，只有正才不怕邪；没有正确、公正的“直”，只能叫作鲁莽、傻直。

我们生活的周围，有这样一些人，他们饱经世事，但他们并没有因此变得圆滑、世俗，而是依旧秉持着正直坦荡的做人原则。

当然，生活中的诱惑太多，我们要做到正直、坦荡，就必须要做到：

（1）高标准地要求自己。许多年前，一位作家因为投资失误，损失了一大笔财产而陷入了经济困难中，为此，他决定用以后赚取的每一分钱来还债。三年以后，他已经小有名气，当地的一些媒体采取以募捐的方式来帮助他结束这种折磨人的生活，但他拒绝了。他把这些钱退还给了捐助人。后来，他的一本轰动一时的新书问世，他偿付了所有剩余的债务。这位作家就是马克·吐温。

（2）有高度的名誉感。伟大的弗兰克·劳埃德·赖特曾在美国建筑学院发表演说时说：“什么是人的名誉呢？那就是要做一个正直的人。”弗兰克·劳埃特·赖特正如他所说，他不愧为一个忠实于自己做人标准的人。

（3）道德至上，遵从自己的良知。马丁·路德·金在他被暗杀前对他的敌人说："去做任何违背良知的事，既谈不上安全稳妥，也谈不上谨慎明智。我坚持自己的立场；上帝会帮助我，我不能做其他的选择。"

可见，正直是人类的一种优秀品德，也是人类社会对个体性格的一种理想追求。正直同公正、善良、智慧、勇敢、诚实等高尚品德一样，一直受到赞赏和褒扬，并且成为当代社会思想道德建设的核心。

顺其自然，该来的总会来

生活中，人们常说："心急吃不了热豆腐。"指做事不要急于求成，只有踏实做事，才能水到渠成。的确，总是想着成功的人，往往很难成功；太想赢的人，往往不容易赢。欲速则不达，凡事不能急于求成。相反，以淡定的心态对之，处之，行之，以坚持恒久的姿态努力攀登，努力进取，成功的概率却会大大增加。我们都听过《揠苗助长》的故事：

从前，宋国有个农民，他做事总是追求速度。因此，对于田间的秧苗，他总觉得长得太慢，于是，他闲来无事时，就会到田间转悠，然后看看秧苗长高了没有，但似乎秧苗的长势总是令他失望。用什么办法可以让苗长得快一些呢？他思索半天，终于找到一个他自认为很好的办法——我把苗往高处拔拔，秧苗不就一下子长高了一大截吗？说干就干，他就动手把秧苗一棵一棵拔高。他从中午一直干到太阳落山，才拖着发麻的双腿回家。一进家门，他一边捶腰，一边嚷嚷："哎哟，今天可把我给累坏了！"

他儿子忙问："爹，您今天干什么重活了，累成这样？"

农民洋洋自得地说："我帮田里的每棵秧苗都长高了一大截！"他儿子觉得很奇怪，拔腿就往田里跑。到田边一看，糟了！早拔的秧苗已经干枯，后拔的也叶子发蔫，耷拉下来了。

揠苗助长，愚蠢之极！每一棵植物的成长都是需要一个过程的，需要我们每天辛勤地浇灌、耕耘，才能获得成果。每一个生命的成长也如此，千万不要违背规律，急于求成，否则就是欲速则不达。

其实，不光是例子中的这个农民，在现实生活中，这种急功近利的人也大有人在，他们来也匆匆，去也匆匆，以至于不想喘息就要直达终点。急于求成，心态浮躁，会把最简单、最熟悉的小事都办糟，何况富有挑战性的大事呢？

任何一种本领的获得、一个人生目标的达成，都不是一蹴而就的，而是需要一段艰苦历练与奋斗的过程，正所谓"宝剑锋从磨砺出，梅花香自苦寒来"，任何急功近利的做法都是愚蠢的，做任何事情都要脚踏实地，一步一个脚印才能逐步走向成功，一口永远吃不成一个胖子。急于求成的结果，只能适得其反，结果只能功亏一篑，落得一个揠苗助长的笑话。

一位渴望成功的少年，一心想早日成名，于是拜一位剑术高人为师。他问师傅要多久才能学成，师傅答曰：“十年。”少年又问如果他全力以赴，夜以继日要多久。师傅回答：“那就要三十年。”少年还不死心，问如果拼命修炼要多久，师傅回答：“七十年。”

这里，少年学成并非真的要七十年，师傅之所以如此回答，是因为他看到了少年的心态，少年可谓是不惜一切想尽快成功，但没有平和的心态，势必会以失败告终。渴望成功、努力追求都没有错，但渴望一夜成名的心态反而会使事情适得其反。

强扭的瓜不甜，强求的事难成，以淡定的心态面对，却往往会水到渠成。因为人们的主观愿望与实际生活总是有差距的，我们千万不可把自己的主观意愿强加于客观的现实中，我们应该学会随时调整主观与客观之间的差距。凡事顺其自然，确实至为重要。有些事情就是很奇怪，你越努力渴求的，它越迟迟不来，让你等得心急火燎、焦头烂额。终于，你等得不耐烦了，它却从天而降，给你个惊喜满怀。

可见，急于求成、急功近利的思想要不得，凡事都必须先深思熟虑，再做出行动，否则，只能是事倍功半，甚至是瞎忙活，不但没有什么效果，还会平添许多烦恼。如果我们能遵循事物的客观规律，多思考，就会获得事半功倍的效果。

孔子曰：“无欲速，无见小利。欲速，则不达，见小利，则大事不成。”真正能成大事者，都有一个特点，那就是有十足的定力，遇事不慌不乱，这也是一种智慧的胸襟。人要学会用长远的眼光看问题，不仅要看到眼前的得失，更要着眼于未来。只有凡事不急于求成，才能真正有所成就。

当然，顺其自然，不是一种消极避世的生活态度，而是站在更高层次来俯视生活。

心定心安，不为外物而悲喜

生活中，世事难料，因为任何事情都有一个变化发展的过程，一时的不如意并不代表一生不幸，此时你满面春风并不代表你一生顺利，人生充满得失，虽然我们不能掌握变化无常的世事，但我们可以掌控自己的心态。“不以物喜，不以己悲”这种淡定通达的心态，正是现代人要追求的。正如《老子》五十八章中描述：“祸兮福之所倚，福兮祸之所伏。孰知其极？其无正。正复为奇，善复为妖。人之迷，其日固久。”无论遇到什么事，都不要沉迷于单向度的追求，而是要了解相依转换的道理，然后调整心态，走上自立自足的生活。祸福本身就是可以互相转换的，因此，不管你现在得到了什么，失去了什么，都不要纠结于一时，心态是自己选择的，祸会转化为福，福也会转化为祸，何不敞开心扉，坦荡地面对呢？

“塞翁失马，焉知非福”的故事，我们已经了熟于心：

从前，在中国的边塞，有个智者，大家都叫他塞翁。有一天，塞翁的马从马厩逃出去了，并跑到了胡人境内，很明显，这匹马归别人了。邻居们纷纷过来，向塞翁表达悲哀之情，但塞翁一点都不难过，反而笑笑说：“我的马虽然走失了，但说不定是件好事呢。”

又过了几个月，这匹马居然自己跑回来了，而且还带来了一匹胡地的骏马，这不是意外之财吗？大家都过来向他道贺，塞翁这回反而皱起眉头对大家说：“白白得来这匹骏马恐怕不是什么好事！”

塞翁有个儿子很喜欢骑马，有一天，他心血来潮，要骑这匹“外来马”，结果一不小心从马背上摔了下来跌断了腿。邻居们知道了这次意外又赶来塞翁家，慰问塞翁，劝他不要太伤心，没想到塞翁并不怎么太难过、伤心，反而淡淡地对大家说：“我的儿子虽然摔断了腿，但是说不定是件好事呢！”

儿子摔断了腿，塞翁居然觉得是好事，邻居每个人都莫名其妙，他们认为塞翁肯定是伤心过头，脑筋都糊涂了。过了不久，胡人大举入侵，所有的青年男子都被征调去当兵，但是胡人非常剽悍，所以大部分的年轻男子都战死沙场，塞翁的儿子因为摔断了腿不用当兵，反而因此保全了性命，这个时候邻居们才体悟到当初塞翁所说的那些话里所隐含的智慧。

塞翁的确是个智慧的老人，他懂得“福祸相倚”的道理，因此他既不以福喜，也不以祸忧。后来这个故事在民间流传了几百年，成为人们经常用来规劝他人的一个成语，比喻一时虽然受到损失，也许反而因此能得到好处，也指坏事在一定条件下可变为好事。但生活中，我们是否能做到既不以福喜，也不以祸忧呢？答案是否定的。人都是情绪化的动物，一些人一遇到悲伤之事，便委靡不振，而在竞争中获胜，便高兴不已，甚至得意忘形。显然，大喜大悲都不是一种好的处事心态。

因此，无论得失，我们要调整自己的心态，要超越时间和空间去观察问题，要考虑到事物有可能出现的极端变化。这样，无论福事变祸事，还是祸事变福事，都有足够的心理承受能力。

放下人生路途中得失成败的压力，需要我们保持一颗平常心，对“花花绿绿”“流光溢彩”不生非分之心，不做越轨之事，不做虚幻之梦。面对外界种种变化与诱惑，依旧保持一颗平常心，不轻易为之所动，宠辱不惊，去留淡然，白天知足常乐，夜晚睡眠安宁，走路步步稳健。总之，拥有一颗平常的心，能让我们拿捏好尺寸，把握住幸福。

总之，人生之路，不会总是阳光灿烂，不会总是枝繁叶茂，不会总是掌声不断，也会有阻挡在前的高山和荒凉的沙漠，也会有阴天时的迷雾重重，也会有他人的冷落。只有拥有平淡的真实，才会真正懂得品味人生，抒发人生，才会拥有自我，心存淡泊。拥有平淡，那才是人生的至高境界，才会得到坦坦荡荡，自自然然的快乐。

第7章　寂寞时光，在静心善思中沉淀自己

生活中，在与人共处时，我们扮演着人际交往中不同的身份，有着不同的对应轨迹。有的人宁愿面对别人，也不愿单独面对自己。其实寂寞是最自由的，人因为习惯了角色与名分，面对这份自由时，反而显得不知所措、彷徨与空虚。而心境淡定的人，懂得怎样去开发自己的生活快乐源泉，会在寂寞的时候给自己安排一片只属于自己的小天地。所以我们要特别珍惜独处的光阴。在喧闹的尘世生活中，不论何时，总要努力寻找一些悠闲的时光用于独处，此时你暂时放下自己的尘心，静心感受一下心灵的自由与成长，倾听宇宙的静谧节奏，感受一下天地万物的神奇——这是寂寞所给予我们的最丰盛的礼物。

静下心来，在思考中沉淀自己

人是群居动物，因此，独处的时候，我们常常会感到寂寞。寂寞的时候，你是品品茶，喝喝酒，还是唱唱歌、翻翻书？你是安静地坐一坐，还是悠闲地散散步，抑或是赶快到人群中去寻找情感的共鸣、心灵的慰藉？实际上，耐得住寂寞的人，或者懂得排遣寂寞的人，忍受得住孤独的人，或者会享受

孤独的人，即使成不了伟大的人物，也必然会有一颗伟大的心灵。因为乐享寂寞的人心态必定是淡定的，他们常会选择以独处的方式来思索人生，思索问题，进而提升自我，

那些真正内心淡定的人，崇尚简单的生活，极少抛头露面，对人生、对社会的宽容、不苛求，心灵清净。他们像秋叶一样静美，淡淡地来，淡淡地去，给人以宁静，活得简单而有韵味。

淡定的人，即使再忙碌，也会偷出空闲，滋养自己，白日的尘埃落定，夜晚会在灯下读点书，修复日渐粗粝的灵魂，使自己依然温婉和悦。

朱自清先生在散文《荷塘月色》中写过这样一段话："我爱热闹，也爱冷静；我爱群居，也爱独处。"人在独处之时可以想许多事情，可以不受他物的牵绊，让自己的思想尽情遨游，在深思熟虑中获得生命的体验与感悟。这便是孤独的妙处吧。

曾经有一位总统，他远离公务和烦琐的生活，来到一间寺庙，他每天的工作只剩下两件事：拜佛和念经。

一天，寺庙的住持来探望他，他很疑惑地问住持："师父，庙里的桂花为什么这样香？"

住持说："哪儿的桂花不香呢？"

他说："总统府的桂花就没有香味！"

住持有些奇怪，问："总统府的桂花全是从雪岳山移过去

的，怎会没有香味呢？”言毕，唤一童子进来，说：“冬天快来了，送一盆夜来香，伴总统念佛。”说完，住持便离去了。

一年以后，住持又来看这位总统，总统指着小茶桌上的夜来香，说：“这盆夜来香想必是名贵品种吧。”住持不解其意，问：“何以见得？”总统说：“它不仅夜里香，白天也香！”住持说：“这是从房前随便挖来的一棵，它不是名品，是不能再普通的一种。”总统说：“过去我家也有一盆夜来香，可是，白天从没有闻到过香味。这盆不同。”

住持说：“过去一位禅师说过：‘夜来香其实白天也很香，人们之所以闻不着，是因为白天，心太躁了！’现在你能闻到香味，可能是心境不一样了。”

两年后，总统离开寺庙前往首都服刑。这位总统的名字叫全斗焕，1980年至1988年任韩国总统。现在他住在陕川郡，过着平民的日子，品味着桂花的芳香。

这位住持的话让我们深有感悟，的确，当我们心情浮躁的时候，又怎能感受到那份宁静的幸福呢？曾经有一个百岁老人谈起他的长寿秘诀：“我每活一天，就是赚一天，我一直在赚。”这就是生命的真谛：豁达，坦然。

尘世中的我们，又是否有这样一颗安然、宁静的心呢？你是否已被这纷乱的世界扰乱了思绪呢？

的确，人世间有太多会扰乱我们心绪的因素，对此我们要懂得调节。

学会让自己安静，把思维沉浸下来，慢慢降低对事物的欲望。把自我经常归零，每天都是新的起点，没有年龄的限制，只要你对事物的欲望适当降低，就会赢得更多的制胜机会。所谓退一步海阔天空。

假如你遇到心情烦躁的情况，你可以喝一杯白开水，放一曲舒缓的轻音乐，闭眼，回味身边的人与事，对新的未来可以慢慢的梳理，既是一种休息，也是一种冷静的思考。

阅读也是让我们凝神静气的方法，像是一个吸收养料的过程，你的求知欲在呼唤你，要活着就需要这样的养分。

享受寂寞，心灵永不孤独

有人说，生命就像一艘船，穿过了一个个春秋，经历过风风雨雨，才驶向了宁静的港湾。然而，习惯了喧嚣尘世中的人们，当寂寞来临时，他们却手足无措，不知如何排遣。有人说，孤寂是吞噬生命和美丽的沼泽地。寂寞不可怕，可怕的是心灵的孤独，因此，寂寞的时候，我们需要一点精神上的寄托与追求，去打破寂寞，学会在寂寞中寻求彼岸。

曾经有个服刑的犯人在监狱中写下了一篇忏悔的日记：

自从穿上了这身囚服，我才知道什么叫寂寞，我才发现自由是多么可贵。我仿佛有一种无法倾诉的无奈，仿佛置身在没有一丝风的沙漠中。牢房里，虽然不乏各种新闻，也不乏各种话题，但我不感兴趣。环境特殊吧，彼此都害怕对方窥视自己的内心世界，所以人人都不得不心墙高筑。在这种氛围里，那份孤独就显得更加沉重。

于是，为了打发时光，空余时间我便拿出书来读。刚开始，我看的是一些修养身心的书，我不急不躁，细嚼慢咽，居然读了进去。接下来，我又喜欢上了一些道德、法律方面的书，竟让我读出了心得，读出了情感。到后来，我已不光读，而是在“听”了——听哲人谈人生道理，听名人谈生活经验，听学者谈对世事的看法，听强者谈怎样面对挫折。

时间久了，读的书多了，我更加后悔以前的行径，以身试法是多么愚蠢啊，不过现在还来得及。于是，我拿起久违的笔抒发对亲人的思念、检讨曾经的过失……一篇文章的构思过程，就是一次心灵净化与充实的过程，虽然难免有忧伤，有惆怅，但我却不浮躁，不空虚。曾经失落、沮丧的心绪已渐渐舒展，漫长的时光已不再无聊，不再孤寂。这是否算一种境界，一份收获？

我曾经暗叹牢狱生活是如此的漫长，如今却发现如果能够做到把刑期当学期，便可以学到许多对自己有用的知识，学会在寂寞中充实自己，人生才会感到精彩，才能得到许多意想不到的收获！

看到这篇日记，我们感到欣慰，孤寂的牢狱生活并没有让他再次堕落，他选择了以读书来充实自己的内心。的确，心与书的交流是一种滋润，也是内省与自察。伴随着感悟与体会，淡淡的喜悦在心头升起，浮荡的灵魂也渐归平静，让自己始终保持着一种纯净而又向上的心态，不失信心地面对现实，介入生活，创造生活。

英国作家汤玛斯说："书籍超越了时间的藩篱，它可以把我们从狭窄的目前延伸到过去和未来。"读书是一趟深入自我的探险旅程，是实现自身价值的一种途径，书籍的背后是一种文化的力量。有了这种探险的历程和这种文化的力量，我们定会在一本本书中看清自己，看清过去和未来，并在不间断的思考中挖掘出自己的潜能，走出狭隘，驱散浮躁，在心中开启一扇智慧之窗，开阔视野，涵养性情，丰富自我，修炼人格，为步入幸福的殿堂开辟一条绿色通道。

寂寞是一柄双刃剑，淡定的人会在寂寞中锻炼自己的心性；而愚蠢的人却在寂寞中迷失方向，从此一蹶不振，脱离了成功的轨道。寂寞是喧闹世界的陪衬，就像绿叶对鲜花一样。

学会在寂寞中寻求彼岸，我们需要对自己充满信心。人的一生好比船在大海上航行，不可能永远一帆风顺，难免会遇到狂风、怒涛、暗礁等各种各样的危险。同样，寂寞也只是我们通向成功路上的一个小小的挫折，只要我们有信心，有勇气，我们就可以去搏斗，去尽享奋斗人生的快乐，从而把寂寞当做成功路上的垫脚石。如果一个人在寂寞中失去了信心，那么他只会越陷越深，最终被寂寞吞噬。所以，多给自己一点信心，相信自己一样能够创造奇迹。

学会在寂寞中寻求彼岸，需要我们时刻怀有一颗追求和进取的心。寂寞中，如果追求和进取委顿了，那么就如同身心已死，四肢的活力不再蓬勃，生命也等于已经消亡，而只要有追求，前景就永远是一片灿烂。歌德说过：“人人心中有一盏灯，强者经风不熄，弱者遇风即灭。这盏灯是理想。”若想要理想之灯放出光芒，就需要我们不断付出艰辛的劳动甚至是一生的努力。在寂寞中，有的人像阿Q一样整天处在幻想中，把未来的生活描绘得五光十色，然而却只能雾里看花、水中望月罢了。没有追求的人，就像一艘无舵的孤舟，终将被大海吞没；不懂进取的人，就像一颗黑夜的流星，不知会陨落何方，所以任何时候请不要放弃自己对理想的追求，不断进取方能克服寂寞，从而找到彼岸。

学会在寂寞中寻求彼岸，需要我们主动去开垦我们的寂寞。寂寞的时候，请不要一味地抱着消极的心态去打发时间，可以去做一些有意义的事情，比如读书。古人云：“书中自有黄金屋，书中自有颜如玉。”读书可以让我们增长见识，让我们身心放松。你可以坐在阳台上，也可以蜷缩在沙发里，随时随地都可以进入书的海洋。除此之外，我们还可以静静地听歌、发呆或者写一些随心随意的文字，总之只要你不在寂寞中沉迷，让自己的四肢忙碌起来，你就会找到一个充实的全新自我。任何时候都要记住，寂寞不是自己放纵的理由。学会开垦自己的寂寞，不气馁、不消沉，辛勤地耕耘，你最终也将走出寂寞。

学会和自己相处，享受一个人的快乐

紧张的忙碌工作之余，你离开办公桌，沏一杯咖啡，来到窗前，静静俯瞰这城市中匆匆行走的人们，是否觉得自己累了太久，寂寞好难得？在万籁俱寂的子夜时分，你沉沉地睡去，但一想到次日依旧要面临繁杂的工作、生活，你是否觉得心力交瘁？你听够了上司的训导，同事的唠叨，孩子的哭闹，家人间的争吵，你是否很渴望能独处？

的确，在人的一生当中，寂寞、独处的时间实在太少了，尤其是在这喧哗的世界里，难得寂寞一回。在大都市里，寂寞真的是一种少有的平静，没有压力，没有喧哗，只有安静，只有自己的呼吸，只有平平淡淡。在万物沉睡的凌晨，在肃静的内室，在空旷的郊野，在所有这些寂寞的时候，凡尘的烦琐事务离我们远去了，忧虑与烦忧也不再侵害我们，我们的内心自然会生出许多平安欢喜之情，此时思绪静止，内心安详而淳朴，你会感到一种与天地同在的醉意。

刘女士的儿子刚上小学，孩子所在的小学离刘女士原先的单位有一个多小时的车程，为此，她辞了职，在儿子学校附近的一个公司找了份工作。

“自从到这边来上班，几乎就没有了独处的时间，办公室是三个人公用的，似乎什么都是大家的领地，好在大家相处是愉快的，事情也做得顺意，总有忙不完的事情。工作之余的时间，多是给了孩子，给了家庭，偶尔的独处，也是在阅读中掩藏自己。‘寂寞’这样奢侈的享受已经远离了自己。

今天下午开会然后放假，我是带着提前放假的孩子来的。会后，大家都回家，我一个人在办公室，继续上次未完成的一段视频编辑。孩子和陈先生家的儿子一起玩着，而我一直坐在计算机前，同事们都走了，后来孩子也给他爸爸接回去了，只有我一个人坐在空空的办公室，等待着文件的生成、刻录。寂寞中，于是有了整理心情的想法，于是诞生了连续几篇散乱的文字：

本来还是正好的夕阳，不觉间夜色肆意蔓延开来，偌大的校园已经是寂静一片。站在窗前，视线是极好的，不远处已经是灯火阑珊，围墙外的道路上，街灯安静而闲适，总是让我想起10多年前的一些黄昏。高中时一个人走在上晚自习的路上，冬日的黄昏，橘黄色的街灯点缀着深蓝色的天幕，有时飘雨有时落雪，更多的时候也无风雨也无晴，一如自己的大脑，疲惫后的宁静与超然；还有的黄昏，站在学校七楼的寝室窗前，眺望不远的山上忽明忽暗的灯光，嘉陵江的水声仿佛穿透夜色低语着。思绪飘渺地不知去向，似乎总也不知道家在何方，总有着无限的希冀，当然也有过彻底的绝望，那时候彻底地明白了一句话：热闹是他们的，而我什么都没有。

寂寞的、超脱的，一种很微妙的感觉似乎成了自己对黄昏最热切的期盼。而毕竟我们都是红尘俗世中纠缠着的众生，谁也超脱不了。

文件制作完成，我于是关上窗户，收拾心情，踏上回家的路。明天，又是一个不短的放假天，真好！”

故事中的刘女士是个懂得享受生活、享受寂寞的人，然而，现实生活中，人们往往因为难以忍耐寂寞而寻求群体生活，这不但曲解了寂寞，得不到寂寞的益处，也同时严重误解了群体生活。许多人参与群体生活的缘由乃是他们不能够独居，不能够忍受寂寞，他们需要借助外界的喧闹来驱除内心的空虚。而群体生活却永远也不能治愈空虚，它只是经由精神的麻醉而暂时忘记了寂寞与空虚的存在，结果反而更加重了这种空虚。

独处时，我们可以有很多选择：

旅游，旅游是很多现代城市人放松自己的方法，长时间游走于钢筋混凝土中的人们，应到大自然中去。

读书，读感兴趣的书，读使人轻松愉快的书。抓住一本好书，爱不释手，那么，尘世间的一切烦恼都会抛到脑后。

听听音乐也会让你身心放松下来。音乐是人类最美好的语言。听好歌，听轻松愉快的音乐会使人心旷神怡，沉浸在幸福愉快之中而忘记烦恼。放声歌唱也是一种气度，一种潇洒，一种解脱，一种心灵的呼唤。

总之，寂寞是一种宝贵的情感，凡庸的人总不能够享用寂寞，难以在寂寞中寻求灵魂的清静与成长，而内心淡定的人则能抓住难得的寂寞时间来洗涤自己的心灵，享受一个人美妙的世界！

你不爱独处，如何忍受漫长寂寞时光

爱情是世间最美好的东西，爱情应该是世间万物自然孕育而成，它本来是无形的，所以不能刻意地给它总结答案。不要给爱过重的负担，它才能够是快乐的。爱情源于自然，只有自然而生成的爱情才会更持久。爱情会遁形于我们内心的深处，只有融入到我们心灵深处的爱才是最美丽的事物，所以，爱情来临时，我们不要爱的盲目，也不要爱的愚痴，要爱的轻松，轻松的心情才会快乐。而当那份爱情已经不值得你留恋时，也不要过于执著，任何失去自我的爱情都失去了原本的意义，要试着把自己的双手慢慢地放开。把双手放开时，才明白越是自然、越是随意的情感才会让人心情放松。

生活中，很多人经常充当情感的导师，当周围的朋友遇到阻碍，即将放弃的时候，他们常常都会对他说坚持到底，坚持就是胜利，但实际上，并不是所有的坚持都会等到最终的胜利。我们不妨先来看看一个女人的情感日记：

“现在我终于承认，一切都结束了，我也能面对自己了，这是一次情感的欺骗，我也不得不面对现实，早已怀疑这份感情的真实程度，可一直还是愿意相信自己是个值得爱的女人，所以宁可相信这份感情真实存在，所以无视诸多端倪。

或许很久之前，我就应该给自己一个了结这次情感的机会。背叛在前，事实当前还是选择原谅，因为珍惜，现在看来完全是因为无知，这段时间精神恍惚了，无心工作，无心玩乐，今天终于可以放开纠结。

真的下定决心不再爱，因为不值得……是呀，朋友说的一点没错，我是遭受了太多的感情挫折，太孤独太没人疼爱，貌似坚强的外表下是太脆弱的内心，才会对眼前看似存在的，其实漏洞百出的感情深陷其中。其实不是那么合适……我应该感到欣慰才是，今天我在内心告别的是一个不爱我的人，或者是一个不懂得珍惜爱的人，而被告别的他失去的是一个爱人。

我的感情付错了对象，到今天我彻底承认，一个不懂得珍惜的人，一个不懂得坚持的人，一个不懂得爱的真谛的人，一个不懂得顾念我的感受的人，一个不会牵挂关爱的人根本不会懂爱情，跟这样的一个人谈感情是何等无知何等虚幻的一件事情。

别了，我曾经的，短暂的爱情，别了，我曾经希冀过的未来……”

是啊，一个根本不值得自己爱的人，一段不值得留恋的感情，为什么还要苦苦迷恋呢？然而，生活中却有太多对于爱情过于执着的人，爱是一种那么模糊的东西，你说不明白它到底是什么。它或许是你早晨睁开眼睛的一个微笑，或许是你杯子中热腾腾的绿茶，或许是恋人的一个脉脉的眼神，或许是爱人在你肩头的一个细微的抚摸，或许是深夜孤独时美丽的灯光，或许是你寂寞时节里的一个祝福的短信……

爱是一种缘分，佛说前生千百次的回眸换来今生的擦肩而过。我们常常将不可名状的人生际遇归于缘分。你我偶然的相遇，却从此开始一段凄美浪漫的情感故事。今天相聚的记忆，凝聚来生的缘分。白发如新，倾盖如故，怎一个缘分了得！对于爱情中的离合聚散，我们也应该做到随缘，以“入世”的态度去耕耘，以“出世”的态度去收获，这就是随缘人生的最高境界。

一个人失恋不可怕，可怕的是失去自己，没有勇气重新开始。一个为爱而自怜伤叹，每晚伤心抽泣的人，到头只能得到他人的耻笑，而不是同情！

许多人会在恋爱中迷失了自己，找不到自我，甘心付出很多，结果却是一败涂地。如果说杰克死后，露丝也跟着沉到海底，那么就没有了那感人至深、赚了观众无数泪水的《泰坦尼克号》了。爱情的意义不是让一个人为另一个人牺牲，而是两个人共同付出，彼此幸福。你最需要的是从童话中走出来。

我们都是尘世中的人，都无法真正摆脱情缘，也逃不出爱与被爱的旋涡。心碎神伤后，是漫无止境的寂寞。或许真的会内心寂寞吧！但是细细体会寂寞后的洒脱，想想除他以外的快乐，想想再也不用为了猜测他的心思而绞尽脑汁，会不会轻舒一口气，感觉轻松一点？

冥想，是一种让心灵放空的绝佳方式

生活中，我们每个人每天都要为生计奔波，都要面临繁重的工作压力，我们常常需要周旋于各种应酬场合中，我们似乎很少静下心来，思考人生，思考自己，立身于尘世中太久，你是否经常有种孤独、落寞的感觉？你知道自己要的到底是什么样的生活吗？你的心是否曾经被一些自私自利的狭隘思想笼罩过？你是否已经变得人云亦云？处于闹世中的我们，都要做到给自己一段独立思考的时间，尝试着在冥想中释放内心。

曾经有位事业有成的年轻人，他在朋友的劝说下来看心理医生，因为他觉得自己的工作压力太大了，心灵好像已经麻木了。

诊断后，医生发现他身体毫无问题，却觉察到他内心深处有问题。

医生问年轻人："你最喜欢哪个地方？""我不清楚！""小时候你最喜欢做什么事？"医生接着问。"我最喜欢海边。"年轻人回答。于是医生说："拿着这三个处方，到海边去，你必须在早上9点、中午12点和下午3点分别打开这三个处方。你必须同意遵照处方办理，除非时间到了，不得打开。"

于是，这位年轻人按照医生的嘱咐来到海边。

他到达海边时，正好九点，没有收音机、电话。他赶紧打开处方，上面写道："专心倾听。"他走出车子，用耳朵倾听，听到了海浪声，听到了各种海鸟的叫声，听到了风吹沙子的声音，他开始陶醉了，这是另外一个安静的世界。快到中午的时候，他很不情愿地打开第二个处方，上面写道："回想。"于是他开始回忆，想起小时候在海边嬉戏的情景，与家人一起拾贝壳的情景……怀旧之情汩汩而来。接近下午3点时，他正沉醉在尘封的往事中，温暖与喜悦的感受，使他不愿去打开最后一张处方。但他还是拆开了。

"回顾你的动机。"这是最困难的部分，亦是整个"治疗"的重心。他开始反省，回忆生活工作中的每件事、每一种状况、每一个人。他很痛苦地发现他很自私，他从未超越自我，从未认同更高尚的目标、更纯正的动机。他发现了造成疲倦、无聊、空虚、压力的原因。

在这个故事中，这位年轻人接受医生的建议来到海边，通过倾听、回想、回顾这三个过程，最终认识到了自己的症结——自私、从未超越自我、从未认同他人，这就是他感到空虚、压力大的原因。心理学家曾说过："人是最会制造垃圾污染自己的动物之一。"正如清洁工每天早上都要清理人们制造的成堆的有形垃圾一样，我们要想彻底消除倦怠，也必须经常反省自己，时刻清洗心灵和头脑中那些烦恼、忧愁、痛苦等无形的垃圾，真正让自己时刻心如明镜，洞若观火，以最好的状态去投入工作，而释放这些不健康心灵毒素的方法之一就是冥想。

的确，身处紧张、忙碌的现实世界中，我们的思想却渴望得到放松，冥想就是让你放松下来，当头脑、身体和心灵真正安静和谐时，当头脑、身体和心灵完全合二为一时，我们便得到释放了。

冥想是能量的彻底释放，是一种放空自己的方法，是一种忘怀之道，完全忘怀对自己、对世界的所有想象，人就有了截然不同的心灵。冥想还能帮助我们审视自己，审视周围的世界，看到自己的言行。然而，冥想只有在安静的内心环境下才会产生积极作用，否则，很容易产生扭曲和幻觉。

因此，我们不难发现，独处是让我们内心静下来的好方法。独处能让我们看清自己，看清自己的整个人生大部分时间把精力都倾注在了什么地方，是钱？是情？是权？还是其他什么？它是不是你痛苦的根源？你能不能稍稍放松一下自己？独处让自己暂时不再置身其中，去体验没有任何东西可以让你疼痛的感觉。

独处，就是要消化这些不平衡的感觉，消化所有的不能接受的结果，消化种种的抗拒，消化以往未了的事情。随着冰雪消融，我们的心渐渐地柔软了，渐渐地喜悦了，渐渐地伸缩自如了，于是，智慧的力量应运而生。抓住自己跟自己在一起的美好感觉吧，当这种美好的感觉越来越稳定的时候，我们的心便不再黏连在各种烦恼上。在这种情形下，我们的心才是自如的，喜悦的！

潜入心底，与自己对话

我们都知道，人是一种社会性的动物，需要与同类交往，需要爱和被爱，否则就无法生存。世上没有一个人能够忍受绝对的孤独。但是，绝对不能忍受孤独的人却是一个灵魂空虚的人。不知是哪位诗人说过："爱你的寂寞，负担它那以悠扬的怨诉给你引来的痛苦。"而事实上，我们可能忽视的一点是，这种因寂寞而引发的痛苦却恰恰是我们最应该珍视的礼物，其中就包括自我认知。寂寞使我们进入一种孤立的境地，而正是在这些孤立的时候，我们才更易于接近我们的灵魂，从而帮助我们认识到另外一个自己，这是信仰的开始，是省悟的开始。

的确，我们不是在喧嚷中认识自己，也不是在人群之中认识自己，而恰恰是在寂寞的时刻认识自己，于独居的时刻认识自己，犹如深夜的月光洒落在纯净无瑕的窗户之上。任何一个拥有自我的人，都能做到静静地倾听自己内心的声音，以此认识到自己不为人知的另一面。这一面或许是为人处世中的不足与优势，或许是某种特长，但无论是什么，只要我们能及时探知，就有利于自身的发展。

富兰克林并不是出身官宦之家，相反，他小的时候，家境很穷。他只在学校读了一年书后就不得不出去工作，但童年的艰辛并没有磨灭他的理想和意志，反而激励他更加努力。最终，他成功了，他成为美国人心中杰出的政治家和外交家。富兰克林并不是天才，那么，除了刻苦勤奋外，他是不是还有什么成功的秘诀呢？事实上，在富兰克林的身上，有一种非常重要的品质，那就是经常反省自己。正是这种品质，促使他不断地发现自己的缺点，不断改进，成为一个拥有很多美德的人，最终走向成功。

每天晚上，富兰克林都会问自己："我今天做了什么有意义的事情？"

他检讨自己的缺点，发现自己有13种严重的缺点，而其中最为严重的是，喜欢与人争论、浪费时间、总被小事扰乱心绪，他通过深刻的自我检讨认识到：如果要成功。就一定要下决心改造自己。

于是，他设计了一个表格，表格的一边写下自己所有的缺点，另一边则写上那些美好的品质，比如俭朴、勤奋、清洁、谦虚等。他每天检查，反省自己的得与失，立志改掉缺点，养成那些美德。这样持续了几年，他终于成功了。

的确，我们每个人都不可能永远不犯错误。因此，挖掘出自身发展过程中不足的部分往往是纠正自身错误、实现快速转变的关键所在。面对激烈的竞争，面对瞬息万变的环境，那些不愿意反省自己或者不愿意及时改正错误的人，必将面临淘汰的结局。同时，在快节奏的信息社会中，一个人如果不能及时察觉自身的缺点，不能用最快的速度修正自己的发展方向，也必然会在学业和事业中落伍，被无情的竞争所淘汰。

现实生活中，一些人在人生发展的道路上，却把命运交付在别人手上，人云亦云，盲目跟风，他们忽视了自己的内在潜力，看不到自身的强大力量，甚至不知道自己到底需要什么，不知道未来的路在哪里，于是，他们浑浑噩噩地度过每一天，一直在从事自己不擅长的工作和事业，以至于一直无所成就。

要挖掘出另一个自我，我们就需要养成在寂寞中思考、在独处中倾听内心声音的良好习惯。你一个人待着时，是感到百无聊赖、难以忍受呢，还是感到一种宁静、充实和满足？对于有“自我”的人来说，独处是让内心静下来的绝好方法，是一种美好的体验，固然寂寞，但却有利于灵魂的升华。

在独处时，我们能从人群和烦琐的事务中抽身出来，这时候，我们独自面对自己，开始了理智与心灵的最本真的对话。诚然，与别人谈古论今、闲话家常能帮我们排遣内心的寂寞，但唯有与自己的心灵对话、感受自己的人生时，才会有真正的心灵感悟。和别人一起游山玩水，那只是旅游；唯有自己独自面对苍茫的群山和大海之时，才会真正感受到与大自然的沟通。所以，一切注重灵魂生活的人对于卢梭的这句话都会有同感："我独处时从来不感到厌烦，闲聊才是我一辈子忍受不了的事情。"这种对于独处的爱好与一个人的性格完全无关，爱好独处的人同样可能是一个性格活泼、喜欢广交朋友的人，只是无论他怎么乐于与别人交往，独处始终是他生活中的必需品。

因此，我们需要安静下来问自己，我们到底是在不断提升自己，还是只顾面子，不肯跟自己"摊牌"呢？或许有直言不讳的指导者，曾经指出你所犯的错误，可是却遭到你的当面驳斥，因为你实在是不愿意相信，你并不如你自己想象中那样好。

总之，我们每个人都要做一个耐得住寂寞的人，只有这样，才能够挖掘出另一个自己，你也许会发现自己的某些惊人的力量，也可能会发现自己的缺点或者做得不够好的地方，然后加以改正，使自己不断进步，并能够扬长避短，发挥出自己的最大潜能，从而不断获得成功。

第8章　笑看人生，一切烦恼皆是红尘过往

每个人都有七情六欲，烦恼也是人之常情，是人人避免不了的。但是，由于每个人对待烦恼的态度不同，所以烦恼对人的影响也不同。多愁善感的人喜欢自找烦恼，一旦有了烦恼，就忧愁万千，牵肠挂肚，离不开、扔不掉憋屈难受。而内心淡定的人一般很少自找烦恼，他们善于淡化烦恼，所以活得轻松，活得潇洒。因此，很多时候，想要拥抱幸福并不难，只要我们懂得摒弃烦恼！

知足者，心自安然快乐

我们都知道，人无完人，但对于生活，人们却不能以同样的心态面对。他们总是希望生活可以过得更好，总是希望“万事如意”，而“万事如意”不过是人们相互祝福的颂词，“人生不如意事常八九”才是现实生活的真实写照，人们所面对的总是一些不尽完美的事情。我们无法控制事情，使事事顺心，但我们可以保持一颗淡定的心，做到坦然面对，该放则放，不要把一些“垃圾”总堆在心里，把乌云总布在脸上，把牢骚总挂在嘴上，否则你就会变成倒霉蛋，周围的朋友也觉着你很烦人。

卡耐基曾经遇到过这样一位女士：

这位女士一见到卡耐基，就开始抱怨。先是说她的丈夫不好好工作，接下来，她又开始抱怨她的孩子，说她的孩子不好好学习。总之，她有很多不满意的地方。等她抱怨完了，卡耐基对她说："这位女士，您太追求完美了。"当她听到这句话后，非常吃惊地看着卡耐基，过了好一会才说："卡耐基先生，您认为我非常追求完美吗？可我并不这样认为啊！而且像我这样相貌也不好、学历也不高的女人，根本不会去追求完美的。"

卡耐基说："您刚才跟我介绍过你的情况，您想想看，您的丈夫现在才三十几岁，但却有了自己的公司了，这已经是成功人士了，您为什么还认为不够好呢？而您的儿子，他才小学四年级，每次也能考个不错的成绩，您又为什么不满足呢？这不是在追求完美吗？"听了卡耐基的话后，那位女士很长时间都没有说话，最后认同了卡耐基的说法。

其实，生活中有很多这样的人，他们总是对生活现状不满，总是不断追求完美。有的人表现为对自己要求特别严格，而另外一些人则对别人非常严格，但总体表现，就是看不到生活中美的一面，他们的脸上总是愁云密布。其实，如果他们能转个角度，那么，生活中便处处充满美好。就如上文中那位女士一样，在卡耐基的点拨下，她看到了"儿子学习成绩不错""丈夫事业有成"这两点。

“不如意事常八九。”这是古代哲人在总结了历朝历代人类生活状态所做的总结，就是说一个人的一生不如意的时候占去了生命的十之八九，只有十之一二生活在快乐之中。这一分析未必准确，但人的一生中忧比乐多却是不争的事实。

曾有人用“失意”和“诗意”来形容人类生活的如意与否，确实很贴切。人在快乐的时候，似乎看到的周围的一切都是美丽的，天空是蓝的，空气是新鲜的，甚至孩子的吵闹声也成了赞美诗；而在不如意的时候，周围的一切都是噪声，春雨成了泪滴，阳光也刺眼得让人想躲起来，“感时花溅泪，恨别鸟惊心”，就是失意的真实写照。

但是，我们必须清醒地看到，诗意和失意都是人的心理感受，思想境界不同的人会对同样的人生做出不同的诠释。

你说的失意在别人看来，可能是诗意，同样是失意，一个人可能深陷其中不能自拔，另一个人可能从中奋起走向诗意的前程。因此，我们不妨转换一下思维，你不妨把贫穷当成一种财富，它让你体会到人生不易，苦中作乐，以苦为荣，这也正是一种诗的意境。

认为自己可以获得更多，总是苛求生活，是导致人们不快乐的主要原因之一。他们总要按照一个不切实际的计划生活，总要跟自己过不去，总觉得生不逢时，机遇未到，所以整天郁郁寡欢。而快乐的人明智地选择了从美的角度去欣赏生活，在他们的眼里，总是透露着知足、开心，于是，工作得心应手，生活有滋有味。他们懂得生活的艺术，知道适时进退，取舍得当，快乐把握今天，而不是等待将来。事实上，如果我们每天可以做自己喜欢的事情，不在乎表面上的虚荣，凡事淡然、不苛求，那么快乐、幸福就会常伴我们左右。

追求圆满的人生，是每个人的愿望，但这个愿望，却是一种幻想，因为它不存在。生活中，很多人穷其一生，都在追求所谓的圆满，真的值得吗？每个人都有缺陷，每件事都会有缺憾。看人看事，都应该先看到其美妙的一面，假如你先入为主，认为此人不值得付出，那么，你看到的都是对方的缺陷。把眼光总盯在丑恶的方面，你永远都找不到快乐，永远不会有好的心情。

比如，失恋是失意，但反过来想，人家既然离开了你，就说明不爱你，缘分已尽，何必强求，前边有芳草，也有美妙的诗篇。

再比如，我们认为工作压力大、工作时间长是失意，但如果我们反过来看，年轻时不是正应该努力奋斗的年纪吗？努力工作，才会有灿烂的明天！当你工作的时候，你应全身心地投入，你高吟豪放派的诗歌，把工作当成享受，你乐此不疲，一切失意都会烟消云散。

而当有一天，你离开了工作岗位或者没有了往日的荣耀，你也不必灰心，更不必埋怨人走茶凉，你不必奢求儿孙绕膝，你可以读书，你可以作画，你可以与老友们一起徜徉于琴棋书画中，你还可以采菊东篱，种豆南山，那不也诗意盎然么？此时，我们的心情大致就变成“人生如意事常八九”了。

选择快乐，烦恼不过是庸人自扰

生活中，我们每个人都会遇到一些烦恼，我们常常被这些烦恼困扰着，事实上，这些烦恼大多都是我们自找的。一个浮躁的人才乐于给自己找麻烦。你可以追寻美好的生活，可以追寻甜蜜的爱情，但你绝不可以自寻烦恼。

每个人都有喜怒哀乐，人的烦恼是避免不了的。但不同的人对待烦恼的态度却是不同的。积极乐观者，一般很少自找烦恼，而且善于淡化烦恼，善于从烦恼中发现快乐，而悲观失望者却总是喜欢无病呻吟，一旦有了烦恼，忧愁万千，难以自拔。

大多时候，人的烦恼都是自找的，有些问题其实根本不是烦恼。举个很简单的例子：你已经是一名主管，管理着一大批人，但你却一直觊觎经理的职位，让你没料到的是，这一职位却被一名资历不如自己的人抢走了，你心里很不痛快，而你忽视的一点是，主管的职位已经是很多人羡慕的了，再说位高烦恼多，经理也有经理的烦恼，经理的烦恼可能会多过自己的烦恼。还有的人为钱而烦恼，有了一万想两万，有了两万想三万……还是烦恼，可惜你除了想过钱多的得意，有没有想过钱多的烦恼？钱少的人或许没有钱多的人那么神气，但钱少的人也没有钱多的人那么多担忧。平民小户没有大富人家对盗贼绑架的担心，恐怕也少有为争夺家产使兄弟反目，甚至相残的悲哀。

当我们在为种种苦恼之事感到失落甚至掉泪时，其实快乐就在身边朝我们微笑。做一个快乐的人其实并不难，拥有一个幸福的人生也很简单，只要我们不自找烦恼。

从前，佛祖遇到了一个不喜欢他的人，这个人连续几天都跟着佛祖，并用各种方法辱骂佛祖，但奇怪的是，佛祖似乎没听到这些，从不跟他计较。这人很纳闷，问佛祖是怎么做到的。

佛祖反问道："若有人送你一份礼物，但你拒绝接受，那么这份礼物属于谁？"

那个人答："属于原本送礼的那个人。"

佛祖微笑着说："没错。若我不接受你的谩骂，那你就是在骂自己。"

那个人恍然大悟，摸摸鼻子走了。

这里，佛祖要告诉我们的是，只要你对别人给你的烦恼采取不理不睬，不接受的态度，那么无论别人如何谩骂你、如何对待你，都影响不了你的快乐，夺不走你的高兴。其实，生气是拿别人的错误来惩罚你自己，真正的受害者也是你自己。因此，不要扰乱了自己的心，烦恼往往都是自找的。只要你不接受"烦恼"这份礼物，任何人都破坏不了你的好心情。

美国心理治疗专家比尔·利特尔经过研究认为，一个人若有以下心理或做法，必定会促使其自寻烦恼、无事生非：

（1）总把原因归结于自己。你是不是认为别人不喜欢你是因为你的原因？你是不是认为同事被上级领导批评也是因为你的原因？把消极原因都归结于自己，那么要不了多久，你就会烦恼成疾。

（2）喜欢做白日梦。最可怜、可悲的人莫过于那些总是做白日梦的人，如果你不重新调整你的目标，那么，那些无法实现的目标同样让你烦恼不断。

（3）盯着消极面。不要总是把眼光放在你曾经受到的冷遇上，也不要总是计算自己吃了多少次亏，如果你这样做，你就会运用这种消极的思想来给自己制造烦恼。

（4）制造隔阂。你从未赞美过他人，总是挑刺儿、埋怨，好与人争论，这是制造隔阂、自寻烦恼的妙法。

（5）总是拖延问题。问题一旦出现，你就要解决，因为此时解决很容易化解，而如果你采取拖延的方法，那么，问题只能像滚雪球一样越滚越大，最后一发不可收拾，因此不要“如果错过了解决问题的时机，索性再往后拖拖”。这样，只会使问题变得更糟，必定会导致你的愤怒和苦恼与日俱增。

（6）把自己摆在殉难者的位置。你可能经常会听到家庭中的主妇们会这样抱怨：“没有一个人真正心疼我，对我们家来说，我不过是个仆人而已。”而男人们也会抱怨：“我的骨架都累散了，谁也不把我当回事，大家都在利用我。”要知道，经常这样想，必定会使你烦恼异常，而且还会使周围的人感到讨厌，令你的感觉变得更糟。

做一个快乐的人其实并不难，拥有一个幸福的人生也很简单，只要我们摒弃以上心理或做法。要知道，世界上没有一个人因烦恼而获得过好处，也没有一个人因烦恼而改善过自己的境遇，但烦恼却在随时随地损害着我们的健康，消耗着我们的精力，扰乱着我们的思想，减少着我们的工作效率，降低着我们的生活质量。

人生在世，其实是在为自己而活。活着，本身就是一种幸福。每个人来到这个世界上都是不容易的，也是幸运的。所以，珍惜和善待我们的人生吧，快乐和充实地度过每一天，才是远离烦恼的正确选择。

接纳自己，完美只是理想状态

人生不可能事事都如意，也不可能事事都完美。追求完美固然是一种积极的人生态度，但如果过分追求完美，而又达不到完美，必然会产生浮躁。过分追求完美不但得不偿失，还会令自己陷入泥沼。

从前，有个国王，他有七个女儿，这七位美丽的公主是国王乃至整个国家的骄傲。这七位公主都有一头美丽乌黑的长发，因此，国王送给她们每个人一百个漂亮的发卡。

这天早上，大公主醒来，准备梳头，却发现自己的发卡少了一个，于是，她就去二公主房间拿走了一个；同样，二公主也发现自己的发卡少了一个就去三公主那里拿了一个，就这样到最后，七公主的发卡只剩下九十九个。

隔天，邻国一位英俊的王子忽然来到皇宫，他对国王说："昨天我养的百灵鸟叼回了一个发卡，我想这一定是属于公主们的，而这也真是一种奇妙的缘分，不晓得是哪位公主掉了发卡？"公主们听到了这件事，都在心里想说："是我掉的，是我掉的。"可是六位公主头上明明完整地别着一百个发卡，所以都懊恼得很。只有七公主走出来说："我掉了一个发卡。"话才说完，一头漂亮的长发因为少了一个发卡，全部披散了下来，王子不由得看呆了。故事的结局，自然是王子与公主从此一起过着幸福快乐的日子。

为什么我们一有缺憾就想拼命去补足？一百个发卡，就像是完美圆满的人生，少了一个发卡，这个圆满就有了缺憾，但正因缺憾，未来就有了无限的转机，无限的可能性，何尝不是一件值得高兴的事！

同样，现实生活中，我们的生活也是充满遗憾和不完美的。比如，我们都知道家是一个人心灵的港湾，是释放自己的场所，如果因自己追求完美，而对家人增加了许多的限制，这不准那不行，令家人不开心，也会使自己不愉快，家中的每个人都忙碌了一天，都在努力保持自己的形象，回到家再受到限制，当然都会不开心的。所以力求完美，也要看时间、地点、场所，过分要求完美反倒不完美了。

再比如，许多交往中的男女，为了给彼此留下最好的印象，都极力让自己表现得完美，于是，对于自己的缺点和小瑕疵，他们都会隐瞒起来，并用审美的眼光去看彼此，因达成的美感而步入婚姻。而一旦成为夫妻后，渐渐地发现，彼此不再是初识的那个人，于是在相互的失望中对爱情、对婚姻、对人性、对所谓完美都失去了信心。其实呢，王子也好、公主也罢，都还是婚前的那个人，不同的是他们恢复了真正的自我，那些令我们陌生的发现，其实决非突然出现，只是以前没看到或看不到而已。

生活毕竟是烦琐的，适度的放松实在比事事力求完美更重要，否则把自己和周围的人都弄得紧张兮兮的，会十分疲惫。不完美就让它不完美吧！既然无法达到完美，一味地追求完美岂不是给自己增添许多烦恼？所以，学会和遗憾、不完美为伴吧。

人生不可免的缺憾，你该怎样面对呢？逃避不一定躲得过，面对不一定最难受，孤单不一定不快乐，得到不一定能长久，失去不一定不再有，转身不一定最软弱。别急着说别无选择，别以为世上只有对与错，许多事情的答案都不是只有一个，所以我们永远有路可以走。

你能找个理由难过，你也一定能找到理由快乐。

在现实生活中，我们对人、对事都不宜过于苛求，否则，最终会让自己成为孤独的人，生活在孤寂和焦灼之中。生活的目的在于发现美、创造美、享受美，而不善于发掘它的闪光点和长处的人，就难以找到真正的美。

人生是没有完美可言的，完美只是在理想中存在，生活中处处都有遗憾，这才是真实的人生。事实上，追求完美的人是盲目的。“完美”是什么？是完全的美好。这可能么？“凡事无绝对”，哪里来的“完全”，更不要提“完美”了。既然没有“完美”，那又为什么要去寻找它呢？

治愈心灵，淡化曾经的伤痛

有个笑话说，一位农夫在收鸡蛋时，不小心打破了一个，他想：一个鸡蛋经孵化后就可变成一只小鸡，小鸡长大后成了母鸡，母鸡又可以下很多蛋，蛋又可孵化很多母鸡。最后农夫大叫一声：“天啊！我失去了一个养鸡场。”

这个农夫看来着实有点可笑，但在现实生活中像农夫这样的人却大有人在。

夫妻二人在亲朋好友的祝福下走入婚姻的殿堂，两个人难免有磕磕碰碰的时候，拌几句嘴也属正常，可偏偏有人钻了牛角尖，将拌嘴升级为打斗，本来可亲可爱的人露出了凶恶面孔，即使战火止息，也难免伤了感情，甚至闹到以离婚收场。

刚上学的孩子学习速度慢，几个星期下来，大字不识几个。看着自己的孩子不如别人家的聪明，想想他今后糟糕的学习成绩，那上大学肯定有问题，上不成大学，哪里来的好工作——父母亲便如热锅上的蚂蚁坐卧不安，对孩子没有了好声气，夫妇之间也少不了要互相报怨。面对如此让人烦心的问题，再坚强的心也会被击垮。但这样的父母也未免太有“远见”了。孩子还小，理解力有限，也许一个偶然的提示就能让他转过弯来，孩子依然会收获自己的成功。

一些老年人，容易瞎想，会“想象”出很多痛苦，如退休金没人家多；住房没人家宽敞；孩子的工作没人家的孩子好……放大痛苦，结果是有百害而无一利。

我们总觉得活得很累，我们总有宣泄不完的痛苦，这是为什么？原因很多，但原因之一肯定是我们常犯一种错误——放大痛苦。

在面临不幸的时候，如果一味地放大痛苦，问题就会越来越糟；如果辩证地想一想也许就豁然开朗了。任何人都难免失误，但正确面对失误，把失误局限化，并积极寻求解决和弥补的办法，这才是我们应有的生活态度。

卢梭说过：“除了身体的痛苦和良心的责备以外，一切痛苦都是想象出来的。”俗话说得好：生活像面镜子，你哭它就哭，你笑它就笑。让我们生活中的笑更多些，千万不要放大痛苦。

有一天，古刹内来了一位富态的中年妇女。她对方丈说，自己最近失眠，还食不下咽，浑身乏力，做什么事都没有激情，很想了却尘缘，遁入佛门。方丈观人无数，且颇懂医术，听完那位妇人的描述后，便说："不忙，待老衲先给施主把把脉如何？"妇人点头应允。

切完脉，观完舌苔，方丈微微一笑："体有虚火，并无大碍。"顿了一下，方丈又接着说："我看施主定是心中烦恼太多。"

中年妇女一听，心想方丈果真是高人，便把心中所有事情逐一向方丈倾诉。方丈很随意地跟她聊着："你家相公与施主感情如何？"

妇人脸上有了笑容，说："感情很好，几十年来都是相敬如宾，从未红过脸。"

又问："施主膝下有无子女？"妇人眼里闪出光彩，说："有个乖巧、漂亮的女儿。"方丈又问："家里的生活不好吗？"妇人赶忙摇头说："家里世代都是做生意的，生活算得上是镇上的富人家了……"

方丈铺开纸墨，边问边写，左边写着她的苦恼之事，右边写着她的快乐之事，然后把写满字的纸放到妇人面前，对妇人说："这张纸就是治病的药方。你把苦恼之事看得太重了，所以忽视了身边的快乐。"

说着，方丈让徒弟取来一盆水和一只苦胆，把胆汁滴入水盆中，浓绿色的胆汁在水中淡开，很快就不见了踪影。方丈说：

“胆汁入水，味则变淡。人生何尝不是如此？施主，不是您承受了太多的苦痛，而是您不善于用快乐之水冲淡苦味啊。”

其实，生活中的我们，何尝不是和这位妇人一样，不懂得淡化自己的烦恼和痛苦，反而放大它们呢？而当我们为种种苦恼之事感到失落甚至掉泪时，其实快乐就在身边朝我们微笑。

生命仿佛是一片神秘的原始森林。有时，我们谁也不知前方是什么，只是不停地追求，探索。挫折就是森林中的野兽，不知什么时候就会侵占你的领土。痛苦是心灵中的一株野草，在挫折“光顾”你的领土时，痛苦若是过度繁殖，那么它就会占据你心中的阳光、水和空气，你心中的快乐、希望、幸福就会消失。

因此，当我们遭遇挫折时，我们应该告诉自己：“不要放大痛苦！”

无止境的抱怨，只会消耗你的人生

生活中，我们常常听到身边的人抱怨道：“唉！工作太累，天天都有做不完的活，连喘口气的机会都没有！”“看看我们公司的那伙人，那是什么素质简直没法说！”“我们家那位一天只知道挣钱，连结婚纪念日都忘记了。”“我怎么就生了这么笨的一个儿子，学习好像从来不用脑子。”抱怨就像瘟疫一样在我们周围蔓延，愈演愈烈。他们好像从来就没有过顺心的时候，无论什么时候和他们在一起，你都会听到有人在抱怨。高兴的事情抛在脑后，不顺心的事情总挂在嘴上。因为抱怨，他们不仅把自己搞得很烦躁，也把别人搞得很不安。相反，那些内心淡定的人，他们总是如快乐的小鸟，当别人抱怨时，他们却倍加珍惜时间，因为他们深知，抱怨毫无用处，充实内在，用行动说话才是硬道理。

画家列宾和他的朋友在雪后散步。他的朋友瞥见路边有一片污渍，显然那是狗留下来的尿迹，就用靴尖挑起雪和泥土把它覆盖上了。没想到列宾发现时却生气了，他说："几天来我总是到这来欣赏这一片美丽的琥珀色，而你现在却把它涂抹了。"

在生活中，当你埋怨别人给自己带来不快，或生活不如意时，想象那片狗留下的尿迹，其实，它是"污渍"，还是"一片美丽的琥珀色"，都取决于你自己的心态。

比如，早上起床晚了，抱怨的人会想："家里人为什么不叫我一声？真是不负责任！"不抱怨的人会想："也许他们是想让我多睡一会儿。"

出门走路，与别人撞了一下，抱怨的人会想："挺大个活人都看不见，长眼睛干什么的？"而不抱怨的人会想："他肯定有什么急事儿，没看见，也怪我没注意。"

到了公司，同事从对面走过来却对你视若无睹，抱怨的人会想："他对我有意见？我还懒得理他呢。"不抱怨的人可能想都不会想，顶多会想："他准是想着心事，没留神。"

你辛辛苦苦做完一件工作，满以为会得到上司的夸赞，但谁知道上司不哼不哈，连个高兴的脸色都不给，抱怨的人会想："遇到这样的上司，活该我倒霉，一辈子都没有出头之日了。"不抱怨的人会想："这本就是我分内的事。"

下班了，原本打算早点回家的你，却被临时通知要开会，抱怨的人会想："下班都不让人轻省，这是什么破公司！"不抱怨的人会想："也许真有什么重要的事情。"

好不容易回到家，爱人还没回来做饭，抱怨的人会想："一天忙得要死，却连顿现成的饭都吃不上！"不抱怨的人会想："今天有个一显身手的机会了，我要给爱人一个惊喜。"

……

为什么抱怨的人会说生活得这么累，因为他只看到自己的付出，而没有看到自己的所得；而不抱怨的人即使真的很累，也不会埋怨生活，因为他知道，失与得总是同在的，一想到自己的所得，他就会感到高兴。

的确，抱怨只会让我们浪费掉大把的时间，因为它会破坏我们原本积极的潜意识。你可能有过这样的体会，只要我们的头脑中有一丝抱怨的意识，那么我们手中的工作就会不由自主地慢起来，然后为自己鸣不平、讨公道，甚至是抱怨老天不公。在这种坏心情的影响下，不仅我们的工作和生活都受到了影响，我们的心态也会改变，而真正的勇者，他们从不抱怨，他们总是能淡定、冷静地看待世界，审视自己，最终成就自己。

其实，没有一种生活是完美的，也没有一种真正让人满意的生活。如果我们能做到不抱怨，而是以一种积极的心态去努力进取，那么，收获的将会更多，而如果我们一旦养成抱怨的习惯，那就像搬起石头砸自己的脚，与人无益，于己不利，于事无补，生活就成了牢笼一般，处处不顺，时时不满。所以，每个人都应该认识到：自由地生活着，其实本身就是最大的幸福，哪有那么多抱怨呢？

因此，不要抱怨你的专业不好，不要抱怨你的学校不好，不要抱怨你住在破宿舍里，不要抱怨你的男人穷或你的女人丑，不要抱怨你没有一个富爸爸，不要抱怨的你工作差、工资少，不要抱怨你空怀一身绝技却没人赏识，不要抱怨你的老板不近人情，不要抱怨你的同事素质低……生活是你的朋友，不是你的敌人。虽然现实有太多的不如意，但就算生活给你的是垃圾，你同样能把垃圾踩在脚底下，登上世界巅峰。

忘却不快，快乐只是一个转身

纷纷扰扰的尘世中，人们不断追逐着自己想要的生活，但终极目标却始终是快乐。然而，生活毕竟是生活，它就如一枚绿橄榄，慢慢咀嚼，既有清泉般的甘醇，也有难以诉说的苦涩。如何去坦然面对这一切，人人都有自己的方法。但唯有保持身心愉悦，热爱生活，才不至于活得太沉闷，太矛盾。内心淡定的人即使遇到不快之事，也会以忘却的方式来洗涤心灵，让自己的心灵更纯净，从而接受转身而来的快乐。

有个老人，他的爱好就是摆弄盆景，每天他把大部分时间都会花在这上面。

一天，老人去外地看亲戚，出门前，他告诉儿子一定要细心照看好那些他视若珍宝的盆景。

父亲的话，儿子不敢怠慢，于是，在老人外出期间，儿子很精心地照料着这些盆景。尽管如此，花架上还是有一个盆景在儿子浇水时不小心被碰倒了，打碎了。儿子因此非常害怕，准备着等父亲回来后接受处罚。

老人回来后知道了此事，不但没有责备儿子，还说："我栽种盆景是用来欣赏和美化家里环境的，不是为了生气的。"

老人说得好，种植盆景，并不是为了生气。因此，他的心情也不会因盆景的得失而受到影响。如果无欲无求，了无牵挂，则气无处生。

人不是为了生气而活着的，只有心平气和，才不会愚蠢到去拿别人的错误来惩罚自己。

很多时候，人们都是为过去所累，过去的冤怨，过去的争吵，过去的误解，过去的情感，包括过去的辉煌与荣耀。其实那些，不过只是飞过头顶的一片云彩，飘过眼前，便云消雾散。懂得忘记不快的人是豁达的、成熟的、美丽的。

忘却是内心豁达、经历世事沉淀后的表现。人生无常，无论发生什么，生活还得继续，忘却那些悲痛、那些过往，你才有勇气继续赶路！

忘却也是一种内心成熟的表现，在每一个无人的夜晚，梳理思绪，不要再有目光穿透伤悲，活在当下，更真实地拥抱自己！

忘却更是一种心灵美丽与空灵的写照。你不必刻意去遗忘，但只要是你想抛弃包袱，没有什么不可能的。而无意的遗忘，是一种不深刻的体现，也体现了人生的旷达。

当然，无论你是否富有，无论你有怎样的社会地位，你都免不了烦恼，甚至有些烦恼是自找的。因为人是现实的，不是超脱凡俗的圣人，既然这样，我们就要学会善于淡化烦恼，忘记烦恼。

那么，如何才能淡化和化解烦恼呢？你可以试试以下方法：

（1）反方向思考。如果发生了什么天灾人祸，死伤多人，是为不幸。而对于那些幸存者，莫不是最大的庆幸；

（2）把一切交给时间。时间能治愈好一切痛苦。倘若你主动从时间的角度来考虑一下，心中对烦恼之事的感受程度可能就会大大减轻。比如，如果你失恋了，刚开始的第一个月，你痛苦万分；第二个月，你心有隐痛；第三个月，你便能走出过去，重新寻找爱情了。

（3）不要逃避。现实已经摆在眼前，我们再后悔、哀婉都无济于事，我们要做的就是先接受现实，然后进行弥补，最大可能地减少损失，否则过多的后悔、不休的责备，不仅于事无补，而且还会扩大事端，增加烦恼。

（4）做事件的旁观者。俗话说：当局者迷，旁观者清。就烦恼之事来说，也是如此，置身于烦恼之中的人，往往执著一点，甚至钻“牛角尖”，千丝万缕难找出头绪，甚至自己无法控制自己，此时局外旁观者的劝导，往往可以起到指点迷津，淡化烦恼的作用。如果你正处于烦恼之中，你不妨做一下自己的旁观者。

当然，忘却不快，并非是简单地对过去的遗忘，而是把往昔的痛苦与烦恼沉淀于心底，更好地主宰自己的命运，把握未来。学会遗忘，走出烦恼的泥潭，便会倍感生命的可贵，生活的绚丽，从而让生命更富于朝气和力量。

请记住一句话：烦恼就像天空上的一片乌云，如果你的心中是一片晴空，那么烦恼不会对你有丝毫影响。

第9章　乐天知命，心态洒脱自有广阔风景

人活于世，不可能只活在自己的世界内，每个人都要与人接触，于是，就产生了人与人之间的竞争、利益的争夺等。对此，内心淡定者会选择忍耐而不是逞一时之气，忍耐是一种承担、一种等候。忍耐并不是逆来顺受，不是消极颓废，也不是在沉默中悄然降下信念的帆。忍耐是当一根火柴燃烧到一半的时候，接受另一半炙热的煎熬。学会忍耐，挺起坚强的脊梁，用快乐和潇洒清扫尘灰般的意志，不论人生是低迷还是高涨，你的人生都将壮美如画。

一笑而过，退一步海阔天空

人活于世，难免会受到一些伤害，有些伤害是可以通过法律途径解决的，而有些伤害，是没有什么机构可以为你申冤叫屈的。面对他人带给你的伤害，你是会把它存在心里，还是一笑而过呢？

富兰克林出生在一个世代打铁的工匠家庭，12岁的小富兰克林后来流落到费城，有一个叫凯姆的阴险狡猾的人雇佣富兰克林帮他管理印刷厂。当时富兰克林已经是一个熟练工人，他想，既然答应接受这份工作，就应该尽力做好。于是，他就每

天教其他工人一些技术，甚至把自己发明出来的制作字模的方法也传授给了这些人。

过了一段时间，凯姆发现自己廉价雇佣来的工人已经基本掌握了排版印刷技术，于是就开始无缘无故找富兰克林的麻烦，无端克扣他的工资。富兰克林说："凯姆，别绕弯子了，你可以赶我走，不过，你放心，我富兰克林不会因为你的卑鄙就传授给他们错误的技术，将来你解雇他们的时候，他们凭借自己的手艺也可以很容易地找到工作。"说完，富兰克林收拾行李离开了。

富兰克林的做法是大度的，不与卑鄙小人计较，选择离开，是一种淡定的表现。

人生需要更多的智慧，用这些智慧来解决问题。不以消灭对方或简单暴力的方式结束彼此关系，可以给自己和冲突方最大的回旋余地，何乐而不为？比如，对待一个长舌妇，以牙还牙就失了身份，一笑而过、沉默不语也未必不是一种很好的还击方法，必将使她感到羞愧。

忍耐并非懦弱，而是一种淡定。俗话说：忍字头上一把刀，这把刀让你痛，也会让你痛定思痛。这把刀，可以磨平你的锐气，但也可以雕琢出你的勇气。百忍成钢，当你的心性修炼得有如镜子般明彻、流水般圆润时；当你切切实实生活在不以物喜，不以已悲的宁静中时；当你发觉胸中不断流动着"虽千万人而吾往矣"般的勇气时，历经千锤百炼，你的刀也就炼成了。

其实，我们不难发现一点，那些事业有成或者能力突出者，反而会成为人们抨击、伤害的对象。当你事业有成时，你可能不会再为日常生活中的柴米油盐和孩子的学费发愁，也不再像事业初创时期那样疲于奔命，但新的问题又来了，那就是那些嫉妒者的诽谤，竞争者的诋毁，于是，在你的生活圈内，关于你的谣言四起，攻击你的语言风起云涌。面对种种谣传，你该怎么做?

你绝对不能因此而生气，更不能大动肝火，如果真这样，你只会越描越黑，让他人产生很多无端的猜忌，另外，你也会因为这些空穴来风的话而大伤脑筋。其实如果你能做到内心淡定，并包容这些伤害，凡事不做过多的解释，一笑置之，那便是最好的证据和回击的武器。

有一天，在拥挤喧闹的百货大楼里，一位女士愤怒地对售货员说：“幸好我没有打算在你们这儿找‘礼貌’，在这儿根本找不到！”

售货员沉默了一会儿说：“你可不可以让我看看你的样品？”

那位女士愣了一下，笑了。售货员的幽默打破了他们之间的尴尬局面。

可见，事情弄得很紧张、很严重的时候，如果我们能大度一点，笑对他人对我们的伤害，便可巧妙地避免麻烦和纠纷。

如果那位售货员对于争吵也采取一种较真的态度，或者大发脾气，那对大家又有什么好处呢？无非是更加激化双方的矛盾。正因为意识到这一点，这位售货员巧妙地批评了那位女士的无礼，从而制止了进一步的争论。

其实，人生只要不存在原则上的对立，就没必要战争，没必要硝烟，没必要对抗，更没必要老死不相往来。淡定者往往能表现出豁达包容的气度，他们更能得到别人的尊重和帮助，他们会因为谦和的姿态避免成为别人的攻击目标，他们有着更加和谐的人际关系，从而使自己的工作、事业、生活顺风顺水。

所以，请淡定一点吧，如果是恶意的伤害的话，你可以一笑了之，因为一定是你在某一方面做得很好，可能别人是出于嫉妒的心理，对于这一类人你可以不用管他，继续走自己的路，过自己的生活。

以退为进，身后会有更广阔的风景

当今社会，处处存在激烈的竞争，与对手较量，难免会产生利益冲突。此时，那些以大局为重的聪明人绝不会逞一时之勇，与对手斗气，而是先隐忍过去，以退为进，隐藏实力，并伺机而动，厚积薄发。尤其是当自己还羽翼未丰时，更要懂得韬光养晦，这是保存实力、积蓄力量的重要手段。“退避三舍”的故事就说明了这个道理。

春秋时候，晋献公因为听信谗言，杀了太子申生，又派人捉拿申生的异母兄长重耳。重耳事先知晓此消息，就逃出晋国，在外流亡十几年。后来，经过一番跋山涉水，他来到了楚国，楚成王是个有远见卓识的君王，他认为重耳日后必定大有作为，在听闻重耳来到楚国后，便以国君之礼相迎，待他如上宾。

一天，楚王设宴招待重耳，两人饮酒叙话，气氛十分融洽。忽然楚王问重耳：“你若有一天回晋国当上国君，该怎么报答我呢？”重耳略一思索说：“美女侍从、珍宝丝绸，大王您有的是，珍禽羽毛，象牙兽皮，更是楚地的盛产，晋国哪有什么珍奇物品献给大王呢？”楚王说：“公子过谦了，话虽然这么说，可总该对我有所表示吧？”重耳笑笑回答道：“要是托您的福，果真能回国当政的话，我愿与贵国友好。假如有一天，晋楚之间发生战争，我一定命令军队先退避三舍（一舍等于三十里），如果还不能得到您的原谅，我再与您交战。”

四年后，重耳真的回到晋国当了国君，就是历史上有名的晋文公。晋国在他的治理下日益强大。公元前633年，楚国和晋国的军队在作战时相遇。晋文公为了实现他许下的诺言，下令军队后退九十里，驻扎在城濮。楚军见晋军后退，以为对方害怕了，马上追击。晋军利用楚军骄傲轻敌的弱点，集中兵力，大破楚军，取得了城濮之战的胜利。

这就是“退避三舍”的故事，以退为进，然后诱敌深入，从而给自己留下了主动出击的后路，获得最后的成功。

懂得减速和停止，是人生的一种境界。一味地追求高速度和高效益，也许并不能达到预期的目标，反而会适得其反，用了多大的冲劲，就能招致多大的损伤。或许就是因为有了喘息的机会，才有足够的体力进行下一步的飞跃。

生活犹如爬山，你的周围是群山峰峦，有上坡就有下坡。“上坡容易下坡难”，这是众所周知的道理。上坡大家都会一鼓作气地向前冲，或许中间不需要停下，但下坡时，如果你不懂得如何停止，那么你很可能摔得头破血流。

即使是平地亦是如此。平地的时候你需要停止，因为你看不清楚前面的方向，就更需要适时地停下，或休息调整或稳定前行。

其实，与人交往亦是如此。不少人争强好胜，锋芒毕露，给人咄咄逼人的感觉。其实用点心机，适当“示弱”，并不是表示你无能，有时反而起到化解矛盾、以柔克刚的作用，取得意想不到的妙效。

承认“无知”，多学多问，是铺设走向成功之路的必备素质。学会了妥协，就能学会以屈求伸，以退为进，以静制动，以柔克刚，你才可能成为最后的胜利者。

以退为进，是平心静气后的理智思考，有利于自己找到目标。打个比方说，人走在沙漠中，不知往哪个方向走，会心慌意乱，这就是为什么有些人会死在沙漠中。倘若能冷静下来，借助星辰找准方向，朝着一个方向走，结果会大不一样。

以退为进，也不是一味忍让，而是为了实现双赢。在《将相和》的故事中，蔺相如一而再，再而三地忍让着廉颇，终于使廉颇认识到自己的错误，使自己和廉颇都能各尽其用，使赵国繁荣昌盛。

李嘉诚不贪小利，对于失败的竞争对手，他并没有紧追不舍，而是留条财路给他人，最终使他自己成为亚洲第一富豪。以退为进，不仅为自己，也为了别人。

可见，进，是我们每个人都追求的目标；退，则是为了更好地进。进退之间，方显智慧。

“退让”并不等于怠惰、麻木、迂腐和世俗，毫无忧患意识和危机感；退让是自我意识的校正，自我心态的调整，是退一步海阔天空的气度，退让是绝处重生后的喜悦。退让是一种战术，也是战略，更是成大事的智慧。

不过，我们也不可能事事退让，妥协要看具体情况，要看你的大目标所在。为了达到大目标，可以在次要的目标上做适当的让步。这种妥协并不是完全放弃原则，而是以退为进，以屈求伸。我们要有长远的眼光，以大目标为我们的根本动力，适当的时候妥协，才会离我们的大目标更近一步！

宽以待人，凡事不必斤斤计较

俗话说：忍一时，风平浪静；退一步，海阔天空。这是一种包容忍耐的气度，而不是胆小怯懦的退缩。有句老话说得好：吃亏者长在，能忍者自安。所谓忍，不是忍气吞声，而是一种大度；退，不是惧怕而退，而是谦让宽容。退一步，不是怯懦、退缩、屈服与逃避。退一步，是忍耐、坚韧，大度的胸怀。

与人打交道的过程中，那些做事太过认真，爱较真的人，在人际交往中，总是吃不开。这就再次证明，“难得糊涂”确实是一剂人生“良药”。小则使自己免受伤害，大则能助自己飞黄腾达。正因为如此，“难得糊涂”已经深入到许多成功者或希望成功的人的心里，真的成了人生的信条。

美国第三任总统杰斐逊与第二任总统亚当斯从交恶到宽恕也是这个道理的显现。杰斐逊曾是美国总统，在他就职前夕，他来到白宫，目的是想表明自己的立场，想告诉亚当斯：他希望针锋相对的竞选活动并没有破坏他们之间的友谊。

然而，就在杰斐逊准备开口前，亚当斯居然暴跳如雷，说：“是你把我赶走的！是你把我赶走的！”之后好多年，他们二人都没有来往。

后来一次，杰斐逊的几个邻居去探访亚当斯，这个坚强的老人仍在诉说那件难堪的事，但接着冲口说出：“我一直都喜欢杰斐逊，现在仍然喜欢他。”邻居把这话传给了杰斐逊，杰斐逊便请了一个彼此皆熟悉的朋友传话，让亚当斯也知道他的深厚友情。后来，亚当斯回了一封信给他，两人从此开始了美国历史上最伟大的书信往来。

这个例子告诉那些还在为鸡毛蒜皮的小事而与朋友老死不相往来的人，那些为了一些不值一提的小事与人大打出手的人，懂得退让是一种多么可贵的精神！我们要以宽容的心态对人，宽容是解除人际间的误会和不快的最佳良药，宽阔的胸怀能使你赢得朋友，能和那些伤害你的人化干戈为玉帛，因为宽容代表了理解，它是一扇心灵的大门，把心放宽一点，门就不会挤了。受到伤害，心中不快乃人之常情，但唯有以德报怨，唯有容人之过，才能赢得一个温馨的世界。释迦牟尼说：“以恨对恨，恨永远存在；以爱对恨，恨自然消失。”

古时候，有两个人，分别叫王黎和陈昆，他们是邻居，祖祖辈辈住在一起。一天夜里，王黎偷偷地将隔开两家的竹篱笆向陈昆家移了一点，以便让自己的院子宽一点，恰好被陈昆看到了。王黎走后，陈昆不但没有追上去大骂一顿，反倒将篱笆又往自己这边移了一丈，使王黎的院子更宽敞了。王黎发现后，很是愧疚，不但归还了侵占陈家的地方，而且还将篱笆往自己这边移了一丈。

陈昆的主动吃亏，让王黎感到内疚，他觉得自己是在“以小人之心度君子之腹”，这就欠下了陈昆的一个人情，即使他还了这个人情，但每当他想起时，他还是会内疚，还是会想法报答陈昆。

这个故事中，陈昆在看到邻居王黎的行为后，不但没有抓住机会“讨回公道”，反倒给对方更大的空间，表面上是陈昆吃了点小亏，但实际上因为他会吃亏，反而赢得了王黎的友谊和尊重。

说起来简单，但现实中又有几人能付诸行动？在别人不小心触犯到你的利益时，一句“我不介意”大可以一笑了之；在别人犯了无心之失时，你也可以说一句“没关系”；在与别人观点发生分歧时，说一句“这没什么。”这寥寥数语虽然人人会说，可又有多少人能将它铭记于心？世间有多少人为公车上的磕磕碰碰争得面红耳赤？多少人为生意场上的蝇头小利争得你死我活？多少人为了学术上的不同观点弃斯文于不顾？在那一刻这些人有没有想到“退一步海阔天空”的道理呢？我们的世界五彩缤纷，每个人都是独立的个体，任何人都不能将自己的思想、行为强加于人，而我们又必须在同一片天空下生活，人类要和谐共处就必须要学会宽容，如那尊弥勒大佛，展开胸襟，绽开笑脸，接纳天下事，这时，心灵便比大地更厚重，比天空更广阔。

那么，我们该如何做到退一步呢？这需要我们站在他人的角度来思考问题，或者多想想这件事情所带来的好处，凡事都有它的两面性。

其实，生活中有很多事都是我们所无法掌控的。大家都想占便宜，又哪里有那么多的便宜让人来占呢？保持一颗平常心，吃得起亏，也许真的会成为人生的一大幸事。在现代交际中，我们也要学会忍耐和包容，自己吃点亏，也是一个很好的交际方法，这会让我们在对方眼里变得豁达、宽厚，让我们获得更深的友谊，会使对方更心甘情愿地帮助我们，为我们做事。

无为而治，不争不抢

古往今来，人们都强调竞争的重要性，敢于争取、勇于竞争，才能为自己赢得一席之地。尤其是在当前的社会转型期，市场经济条件下的竞争已呈现在社会的每个角落，人际间的竞争结果往往与人们的生存质量息息相关。因而，人们再也不能固守着自己的一片天地高枕无忧了。但我们还应该看到，一味地竞争，杀机四伏，着实会令草木皆兵，给人际交往带来重重障碍。如果我们能做到“淡泊名利”，不与人争抢，并加强合作，进而弱化竞争，就会给双方带来安全感，也只有这样，人们才愿意与你结交，才愿意和你一道工作。这是优化交际环境，提高交际质量的根本策略。

老子说：“不自见，故明；不自是，故彰；不自伐，故有功；不自矜，故长；夫唯不争，故天下莫能与之争。”不与人争抢，这是一种大智慧。正像“水”一样，利万物而不争，以其善下之，故能成其大；以其性柔弱，攻克天下之至坚。生活中，我们常能看到一种现象，有些人争强好胜，却常常事与愿违；有些人不争不抢，而常常坐享其成。这正应了人们常说的一句话：“有意栽花花不开，无心插柳柳成荫。”《菜根谭》中“烦恼皆因强出头”和心理学上讲的所谓“性格悲剧”不就是这个道理吗？不与人争又是一种大境界。“不争”其本身就是一种与人为善，就是对他人的一种宽容。就是这“退一步”“让一时”能减去多少争执，少去多少烦恼甚至避免多少灾难！

清康熙年间，海宁有个学富五车的人，但却孤傲自大，不肯为朝廷所用，让康熙费尽心机。最后，这个人终于答应进京面见天子。

那么，该由谁去接他呢？康熙又开始犯愁了，因为此人不仅富有学问，口头表达能力也让人惊叹，他有说不完的话。此次迎接活动，纪晓岚都推辞了，他觉得自己不能胜任，自知不是海宁人的对手。康熙很尴尬。

还是宰相说了一个人选，皇帝很满意。

宰相推荐的这个人是谁呢？原来是一个听力有障碍的人，一个大字不识几个的武官，长相倒是很儒雅。倘若你骂他，他就装着听不见；你表扬他，他比谁都听得清楚。

于是，此人出发了。接到海宁人以后，海宁人谈天说地，卖弄本事，倒真是个上知天文、下通地理之人，说话即是吟诗，开口就是学问。而这个武官马步站桩，坐在船头，不时“唔唔嗯嗯”。任凭你口吐莲花，口燥唇干，他只是捻须微笑，一个字也不发。

这海宁人开始还饶有兴趣，谈古论今，闹腾到后来，觉得索然无味，及至上了岸，到了京城地面，像经了霜的茄子，恹恹的提不起半点精气神。他始终没弄明白康熙派来的接船人到底有多大学问。

这只是一个故事，但这其中却蕴含着一个很大的哲理。现实中我们通常会见到某些人为了一些小事而争论不休，最后不搞个面红耳赤、不可开交决不罢休，人之患在好为人师，与人交往，退后一步，反而更有利于前进，正验证了“无欲则刚，有容乃大”这个道理。

成大事者，不会是小气的人；成气候的商人，也绝对不是目光短浅，斤斤计较的人。因为他们懂得，暂时的谦让也许会带来更多的机会和收益。

与人交往，凡事争第一，很容易成为众矢之的；而只有做到低调行事、懂得隐藏自己，即使吃点亏，你也赢得了人心，那么你自然就是别人眼中的“好人”，拥有了好人缘，荣誉和信任必将接踵而至。

你争我斗，不如合作共赢

当今这个时代，每个角落里都散发着竞争带来的紧张气氛。诚然，在你追我赶的现代社会，竞争对于提升自我价值与空间有很重要的作用，人们可以从中发现自己的不足，并以此作为一种前进的动力来鞭策自己。然而，这一效果是在良性竞争中才会产生的，恶意的斗争只会两败俱伤。

从前有两个人都喜爱打猎，这天，他们和往常一样来到森林中，却看见两只老虎在吃人肉，其中一个人很是气愤，他迫不及待要去杀了这两只老虎，而另外一个人则上前制止，并说："人肉是老虎最爱吃的，现在两只老虎都抢着吃人肉，一定会争得你死我活，力气比较小的那只肯定会被比较强的那只打死。最后，比较强的那只也一定会伤痕累累。等到那时，我们不用花什么力气就可以把两只老虎都打死，这不是做了一件事就能获得双倍好处吗？"果然，两个人很轻松地就把两只老虎抓住了。

自古以来，人们就知道"鹬蚌相争，渔翁得利"的道理，并且，他们还善于运用这个道理来谋取自己的利益，但为什么当人们置身于事件之中时，却还非要与对方争个你死我活呢？即使你赢了，你也可能失去更多，比如，友谊、健康、快乐等。明白了这个道理，面对利益、观点、意见的分歧，我们也就能做到淡定处之，不与人争斗了。

陈飞和邹伟都是刚毕业的大学生，他们进了同一家企业。在工作半年后，公司决定在新员工中提拔一批干部，以激发公司员工的活力。这些新手们都知道这是一次难得的机会，也知道人情世故的重要性。于是，在得知公司要提拔新人的消息后，所有人都“出动”了。

陈飞是一个精明的人，他花了半年的薪水买了一些烟酒，亲自送到主管家，果然，这个爱好烟酒的主管很乐意地接受了陈飞的礼物，陈飞认为自己会成为新干部的候选人，于是，他在家敬候佳音。但实际上，送礼的人远不止他一个。邹伟是个憨厚的年轻人，这件事似乎和他一点关系也没有，家人都劝他去活动一下关系，而他还是和以前一样，朝九晚五地上班，对待同事也是笑脸相迎。所以，那段时间，整个办公室的年轻人，似乎就他一个人真正在忙工作。

主管在接受了众多礼物后，无法抉择，而上级领导一直催促他要本着“公平公正”的原则为公司选拔人才，在左思右想后，这位主管做出了“英明”的决策：提拔邹伟为领导干部。很多人感到不解，他的理由是：一个不争抢名利的人，才是真正能把精力放在工作上的人，也才是能倾心倾力为公司负责的人。

案例中的主管为什么没有选择送礼的下属，反而选择毫无表示的邹伟呢？正如他所想的，一个内心淡定的人，不热衷于名利的争夺，才会全身心把精力投入到工作中，这样的人才是真正有担当的人。

其实，不仅仅是职场，在这样一个竞争激烈的社会中，对于钱财、权威，淡定一点是最明智的生存之法。少说话、多做事、充实内在，你自然能脱颖而出。

可能你会发出这样的疑问，万一对方有意与自己较量，又该如何？此时你不妨装装傻，选择沉默。这是很简单的道理，如果你装聋作哑，别人是不会与你计较的，也就不会产生争斗，因为斗了也是白斗。对方如果一再挑衅，只会凸显他的无理取闹，因此面对你的沉默，这种人多半会在几句话之后就无话可说，如果你能装出一副听不懂的样子，那么更能让对方败走！

当然，这并不代表默默承受别人的侮辱，而是一种大智若愚。对所遇到的事情，多用眼睛去看，多用耳朵去听，多用脑袋去思考。这并不是让你没有自己的意见，而是要你谨慎地做出结论，用不着把所有的东西都展示在大众眼前。总之，与人交往，遵循“闭上嘴巴，默默地充实自己”的原则，才会多一份深度，少一些冲动，多一些涵养，少一些抱怨！

现实残酷，但要有包容之心

岁月漫漫，人生却是苦短的，我们走过多少个春秋，有时候会突然发现自己的生活如此普通。所有的日出日落，寒来暑往，一切的欢笑、泪水如戏剧，一幕幕地上演着。面对人生，我们顿时觉得自己很渺小，渺小得像一束远方的微光；渺小得像漫天飞舞的蒲公英，随风飘扬；渺小得像一粒沙，被人忽视。为此，我们惆怅，我们感叹。其实我们不必悲叹，因为生活本来就是这样，现实本来就是残酷的，我们本来也就是如此渺小。但渺小不是人生之光的黯淡，不是生命之火的熄灭，不是超然物外的冷漠。

生活给予我们挫折，我们要用理解的心态面对，用达观之心去包容现实的残酷，然后勇敢地接受挫折给予我们的挑战。白云为每一个平凡变幻多姿；彩霞为每一个平凡增添亮色；繁星为每一个平凡星光闪耀；蝴蝶为每一个平凡翩翩起舞；小鸟为每一个平凡引吭高歌。我们是平凡的，渺小的，但正是无数个平凡的日子组成了我们绚丽多彩的一生，正是平凡的日子组成了灿烂的世界，这就是生活。

现实生活中，总有人一味沉溺在已经发生的事情中，不停地抱怨，不断地自责。这样一来，将自己的心境弄得越来越糟。这种对已经发生的无可弥补的事情不断抱怨和后悔的人，注定会活在迷离混沌的状态中，看不见前面明朗的人生。他们之所以这样，是因为经历的磨炼太少。正如俗语说的那样：天不晴是因为雨没下透，下透了，也就晴了。

富兰克林·德拉诺·罗斯福总统39岁时，一场高烧使他染上了脊髓灰质炎。这突如其来的灾难差点把他打垮，开始他不肯接受这一残酷而不容改变的事实，不断做着一些无谓的挣扎，结果带给他的是一个又一个无眠的夜晚。终于在经过一段时间的自我斗争后，他无奈地接受了现实，开始以顽强和乐观态度适应它。他下肢瘫痪并从此终生与支架或轮椅相伴，他把这飞来的横祸当成上帝早已预定的命运之约。生理的残疾没有使他性格乖戾和愤世，反而在此后的生命中的各个时段里，他以乐观和坚强赢得了那些政敌的肯定。

的确，尘世之间变数太多。事情一旦发生，就绝非一个人的心境所能改变。伤神无济于事，郁闷无济于事，一门心思朝着目标走，才是最好的选择。如果跌倒了就不敢爬起来，就不敢继续向前走，或者就决定放弃，那么你将永远止步不前。

放下悲伤，接受现实，才能重新起航。朋友，别以为胜利的光芒离你很遥远，当你揭开悲伤的黑幕，你会发现一轮火红的太阳正冲着你微笑。请用一秒钟忘记烦恼，用一分钟享受阳光，用一小时大声歌唱，然后，用微笑去谱写人生最美的乐章。

从处世和处事态度来说，达观与包容有一定的区别：包容是主动为之，而达观是被动为之，有随遇而安之意。同时，这两种不同的心态所产生的环境也有所不同："达观"多半产生在人生低谷时，或情感不顺，或仕途失意时。包容多是产生在人生高潮，虽然是人生得意，但却能做到"宰相肚里能撑船”。

虽然这两者产生于不同的环境，也是不同的心理状态，但却有一点明显相同，即持这两种心态处事的人应对环境的态度都是积极的，低谷时不能一蹶不振，高潮时不能得意忘形。只有正确处理好和环境的关系，才能对自己、对他人、对社会产生积极的作用，才能达到和谐进步。

由此看来，很多情况下，一个人的处世态度，也可以说是人生观、价值观直接影响着他的人生经历、人生体验。即使出生背景一模一样的两个人，如果人生态度不同，人生历程也将会迥然不同。同样，固然人生命运多舛，只要有积极向上的处世态度就能享受成功的快乐，品味生活的乐趣。范仲淹也说：“不以物喜，不以己悲。居庙堂之高，则忧其民，处江湖之远，则忧其君。是进亦忧，退亦忧。然则何时而乐耶？其必曰‘先天下之忧而忧，后天下之乐而乐’乎。噫！微斯人，吾谁与归？”

心态不仅体现一个人的智慧，更决定一个人的生活、命运和价值的取向。心态是我们成功的关键，生活中每一个成功者无不是心态的主人。良好的心态对于我们的成功具有决定性的作用，不管我们做什么，首先我们应该学会保持良好的心态。人的心态决定着一个人的生活是幸福还是不幸，是快乐还是忧伤，是成功还是失败。决定人心态的是人的理想、人生观、世界观。正确的人生观，就是要胸怀宽广，执著进取，挑战自我，不屈命运，坚信自己，积极思考。

第10章　善待自己：别被过多的欲望牵绊脚步

生活由于有了太多的计较和在乎，所以我们常常感觉到很痛苦，失去了快乐，感受不到幸福。事实上，你真正去探究那些你所计较和在乎的东西，便会发现它们只不过是过眼云烟，根本没有你想象的那么重要。因而，如果我们能淡然面对生活，那么，你会惊奇地发现，原来自己也可以这么快乐，日子可以过得这么幸福。

专注于心，消除内心浮躁

生活中，总是有太多的诱惑，让我们身陷“囹圄”，焦躁不安。这时候，人往往需要迅速让自己的内心平静下来。否则，你总是生活在亢奋当中，濒临崩溃的边缘。当然，打开心结是关键。可是，既然你如此纠结，那么心结也不是一时半会儿能够释然。

这时，不妨听点音乐，看个漫画，抑或是喝杯清茶，读一本好书，以此来陶冶性情。在不知不觉中，你的心就会慢慢地平静下来了。

在一次朋友的聚会中，欣然被一个漂亮的女孩深深地吸引住了，一打听得知，女孩是某医院的护士，刚好也没有男朋友。欣然喜出望外，展开了对女孩的疯狂追求。

他从朋友那里要来了女孩的电话，经常给女孩打电话，两人在电话里聊得很好。后来，欣然大胆地约女孩吃饭，女孩也没有拒绝。当欣然表白之后，女孩却说两人只适合做朋友。这让欣然多少有点失望。

但是欣然并没有放弃，而是更加执着，经常到女孩工作的医院去找她，还时不时给她送花，买衣服等。可是不管他怎么努力，女孩始终不同意做她的女朋友。欣然觉得，或许是女孩在考验他。

这天，他去女孩工作的医院门口等她下班。不一会儿，女孩出来了，可是身边却多了一个男人，从女孩的表情中，欣然感觉到她特别喜欢那个男人。这一幕让欣然无法接受。他觉得天一下子塌了下来。

他跌跌撞撞地回到了家，一下子倒在了床上。可是几分钟之后，他从床上蹦起来，跑到附近的超市买了很多酒，回家便灌了起来，一边喝，一边号啕大哭。正在这个时候，他的一个朋友打电话进来了，从电话里听到欣然的哭声，迅速赶了过来。

朋友不停地安慰欣然，可是没有起到一点作用，反而让欣然更加痛苦。无奈之下，朋友打开了音响，一首舒缓的轻音乐缓缓地响了起来。慢慢的，欣然安静了下来。这时候，朋友冲了一杯浓浓的咖啡，放在了欣然的面前。欣然长长地出了一口气，端起了咖啡。

从那以后，每当欣然想起这件事情，感觉到痛苦万分的时候，他就打开音响，听听音乐，让自己的心迅速地平静下来。

故事中的欣然得知自己喜欢的女孩喜欢上了别人，而感觉到痛苦万分，内心狂躁不安，在这个时候，他听到了舒缓的音乐，迅速地平静了下来，然后喝了咖啡，重新燃起了对生活的希望。在此后的日子里，每当心情浮躁的时候，他都会以这样的方式来陶冶自己，把一切看得淡然一些。那么，究竟如何才能做到全神贯注陶冶性情，消除浮躁呢?

（1）让音乐完全占据你的思维空间。人在狂躁不安的时候，往往心会跳动很快，脑子里胡思乱想。这时候要想让自己迅速平静下来，不妨打开音响，让音乐完全占据你的思维空间。这样你就不会胡思乱想。而且舒缓的音乐能迅速调整你的心跳，慢慢地你就会完全陶醉在音乐里，也就不会再感觉到烦躁不安了。

（2）像孩子一样看点漫画和动画片。孩子天真无邪，没有太多的欲念，也不会感觉到痛苦。因而，在你感觉到痛苦万分的时候，赶紧打开电视，看一部动画片，或者是看一本漫画，让孩子的童真影响你的心。慢慢地你在渴望能有孩子们一样的简单和快乐当中，消除欲念，获得快乐，你的心因此而得到了安宁。

（3）精心泡一杯清茶或者煮杯咖啡。不可否认，清茶和咖啡有让人神清气爽的功效。如果你被尘世的琐事弄得心烦意乱，不妨泡一杯清茶，或者是煮一杯浓浓的咖啡。当你喝完清茶和咖啡之后，你的痛苦会减少一半，而且清茶和咖啡能让你内心平静不少。

（4）看一本剖析人生得失的好书。人之所以痛苦，是因为看不透人生，放不下得失。当你用另外一个视角去理解和认识之后，你会觉得一切不过是过眼云烟。因而，在你痛苦烦躁的时候，不妨寻找一本剖析人生的好书来读。好的文字能拨云见日，让你的心超脱世俗，从烦躁和痛苦中跳出来，享受人生的那份真挚。

摒除内心杂念，平常心做平常事

生活中，人们往往会受到各种各样的影响，从而导致心情浮躁。当心情浮躁的时候，如果不及时调整，那么很有可能因为冲动而做出一些极端的举动，从而破坏了自己平静的生活。事实上，如果我们能够及时冷静下来，理性思考，以一颗平常心对待生活，那么生活也许会为我们打开另一扇大门。

小王是一位高三学生，平时学习很努力，但是成绩总不见有提升，班主任也曾找过他谈话，对他说：“我不指望你能上重点大学，但是你至少得考上一个本科。”

小王自己也很着急，一直学习到高考的前一天晚上，想着班主任的话，心中不免有些酸苦，心想：我高中三年也没有比别人少学半分钟，但是我的成绩却总提不上去，班主任的话明显有几分看不起我，我一定要在明天的考试中考出一个好成绩来给班主任瞧瞧。小王越想越难以入眠，心情十分浮躁。

于是，小王独自一人悄悄地走出宿舍楼，到静静的操场上散步，操场上空气很新鲜，漆黑一片，只有蟋蟀的叫声。

小王的心逐渐平静下来了，然后就回到寝室去睡觉。

第二天的考试，小王感觉很不错，基本上一气呵成。

考试后的第二天，班主任让大家填志愿，小王想报考重点大学，但是班主任担心他考不上而影响了班里的升学率，于是让小王填写了一个三本大学。

一个月以后，高考成绩公布了，小王考了六百多分，在班里是第四名，按照他的成绩，考一个名牌大学是没有问题的。此时，小王心里非常不平衡，为此，他很浮躁。

在查到成绩后的假期里，小王一直幻想着自己考上名校时候的情景：父母的微笑，老师的赞扬，同学们的羡慕……

于是，小王和父母商量后做出了一个惊人的决定：准备补习一年考清华或者北大。

又是一年刻苦学习，小王终于熬到了高考。

在填志愿的时候，小王很自信地填报了清华大学，很多人都投来了羡慕的眼光。

一个月后，高考成绩公布了，小王的成绩只有五百九十多，比上一年要低。这时他才从梦中惊醒。此时家中已经没人支持他补习了。

小王的高考之路就此结束了。

在这个案例中，由于高考成绩与目标学校之间的落差造成小王心情的浮躁，但他没有及时冷静下来，理性思考自己的优缺点，导致做出了不理智的决定，最后导致高考之路的终结。所以，给浮躁的心情找个安静的角落是相当重要的。如何才能给浮躁的心情找一个安静的角落?

（1）心境要淡然。很多时候，我们浮躁，是由于放不下自身的名利，得到的时候，总想得寸进尺，失去的时候，总幻想假如没有失去该多好，浮躁往往在患得患失的心境中产生。要想克服这种患得患失的浮躁心境，不妨淡然一些，也许心境自然就平静了。

（2）踏实走好每一步。人之所以浮躁，是因为理想和现实之间有太大的差异，理想很美好，现实很残酷。这个时候如果能够冷静下来，走好你当前的每一步，你就会发现，自己也并非想象中的那么伟大，当前的每一步也并非你自己想象中的那么艰难。

（3）清晰认识自我。浮躁之人，往往缺乏清晰的自我认识，看不到自身的缺点，总觉得自己什么都能干，结果往往会失败而归，因此，浮躁的时候，一定要清晰地认识自我。具体来说，首先要多反思自己曾经失败的原因，其次要多听取周围人的建议。

（4）要懂得向生活妥协。每个人都希望自己成为生活的强者，但是很多时候往往事与愿违，这个时候我们不妨向生活妥协，承认自己不是那么伟大，也许心中放不下的名利此时也就不那么重要了，这样也许能够得到一个平静的心情。

只做眼前事，一点点拾级而上

生活中，我们太渴望能拥有更多。因此看到别人的成功，总是想让自己也能获得和别人一样的高度，做不到便觉得痛苦无助。事实上，冰冻三尺非一日之寒，我们在看到别人的成就的同时，却没有看到别人付出的努力和经历的艰辛。因而，要想站得高，就要一步一个台阶，慢慢地往上爬。

肖辉和党宇是非常要好的朋友，这天，他去党宇家玩的时候，恰巧看到了党宇的爷爷在写毛笔字，于是凑上去观看。老人家的毛笔字如行云流水一般，变化莫测。而肖辉也很喜欢书法，可是一直以来总是写不好。

看到老人家的毛笔字写得这么好，再看看自己，肖辉觉得脸上火辣辣的。于是他暗暗下决心，一定要达到老人家一样的水平。从那之后，他每天都趴在桌子上练习书法，过了半个月，他觉得自己的水平还是没有半点提高，因而非常痛苦，为什么老人家都能做到的事情，自己一个二十多岁的小伙子却做不到呢？

在接着练习了半个月之后，肖辉不再练习了，他觉得自己根本不是那块料。为此，他每天唉声天气，闷闷不乐。党宇知道后，前来看望他。当他得知肖辉的痛苦之后，答应求爷爷帮助肖辉。

这天，党宇带着肖辉来找爷爷。老人家笑呵呵地说："年轻人，你有要练好书法的想法是好的，可是你现在不论如何努力，都不可能达到我这样的境界。"肖辉不解地问："为什么呢？难道您的功力是天生的？"老人家笑着说："我今年八十有三了，我从你那个年纪练起，整整练了六十多年，才有今天的成就，而你练习书法又练了几天呢？你凭什么觉得你应该有我这样的境界呢？"听了老人的话后，肖辉茅塞顿开。

故事中的肖辉在发现党宇的爷爷书法写得行云流水后，和自己进行了比较，看到了差距，所以非常痛苦。后来，在老人家的开导之下，他明白了其中的缘由。由此可见，做任何事情都需要一个过程，不可能一步到位。只有一步一个台阶，不断地积累，才能爬得高看得远。那么，究竟如何才能做到一步一个台阶呢？

（1）要有清晰到位的认识。要想让你做事更加踏实，那么一定要有个清晰到位的认识，这是做好事情的前提。要知道究竟你在做什么事情，需要付出什么样的努力，这样做起事情来你才能有个心理准备。比如：小强想要练习打拳，想要赢得比赛的冠军，他明白需要付出巨大的牺牲，所以，他每天不和朋友们一起玩，而是一心一意地钻进拳击馆里勤学苦练，最终打败了对手赢得了冠军。

（2）做事的态度一定要端正。想不想做好事情是态度的问题，而能不能做好是能力的问题。如果能力不行，可以苦练，但是态度不端正，是无论如何也做不好事情的。因此，在做事情之前一定要端正你的态度。事实上，也只有端正了态度，你才能严肃认真地对待，才能真正意义上一步一个台阶。

（3）要有持之以恒的决心。任何事情都不是一朝一夕能做成的。你看到别人取得的辉煌，那是别人付出了艰辛的努力之后才得到的。因而，如果你也想和别人一样辉煌，那么你就要有持之以恒的决心，付出艰辛的努力。如果一遇到困难就想放弃，那么你是无论如何也不可能达到别人一样的高度的。

（4）要耐得住寂寞和无聊。要想取得辉煌，就要耐得住寂寞和无聊，因为别人在玩乐的时候，你在勤学苦练，这是个枯燥的过程，需要你独自面对和承受。如果你耐不住寂寞，那么你的心不能完全用到你的练习上，那样无论如何也不会得到你想要的结果。

一心一意，用心做好手头事

在生活中，我们总是过高地估计自己的能力，觉得自己这个也能行，那个也能干，可是最终一事无成。事实上，人的精力是有限的，如果不能一心一意，往往两件事情哪个也做不好。与其这样，不如专心致志做好一件事情。而只有这样，才能把事情做到最好，才能收获你所渴望的成功。

晴晴和文文是非常要好的姐妹，她们都特别喜欢小提琴。事实上，她们结识也是在小提琴演奏班里。相比之下，晴晴的天赋更高一些。可是在一次小提琴演奏比赛中，文文拿了奖，而晴晴却早早就被淘汰了。原因很简单，晴晴在学习小提琴演奏的过程中不能专心。

原来，晴晴今年已经满16岁了，出落得非常漂亮。所以身边总有一些小男生在追求她。尽管晴晴不予理睬，可是为了不伤害男生，所以有时候也会和他们出去吃饭，晚上也在煲电话粥。更要命的是在接触的过程中，晴晴喜欢上了其中一个帅气阳光的男生。

那一段时间，晴晴练琴的时候总是走神，业余时间也很少碰琴，她的大部分时间都被恋爱占据了，非但没有进步，而且还退步了不少。为此，晴晴没有少挨老师的批评。而这个时候的文文，却每天专心致志地练习演奏，演奏技巧百尺竿头更进一步。

终于一年一度的小提琴演奏比赛开始了。晴晴和文文都报名参加了。晴晴觉得这个奖一定属于她。可是刚上台不久，她就觉得越来越吃力，很多以前练习得非常熟练的动作和技巧，一下子生疏了起来，演奏出来的音乐也非常难听。而文文的演奏却非常流畅，很明显，这个阶段她取得了巨大的进步。

演奏失败后，晴晴非常后悔。因为这个奖对于她们这个年龄的孩子来说非常重要，甚至直接决定着以后的演奏生涯。她认真做了检讨，重新一心一意投入到练习中去了。

故事中的晴晴，由于谈恋爱分心，致使她荒废了小提琴演奏的练习，结果造成了她与奖无缘的结果。而相反，资质稍差的文文却一心一意地刻苦练习，取得了巨大的成功。可见，做任何事情都不能三心二意，否则你什么事情都做不好。那么，究竟如何才能做到一心一意呢?

（1）看清楚目标。很多人在做事情之前很清楚自己的目标，可是在这个过程中，随着社会诱惑的增多，慢慢地让自己的目标模糊了。要想成功，就要时时刻刻看清楚自己的目标，不要被社会的诱惑所俘虏。当然，这并不是一件容易的事情，因为并不是每个人都有毅力能经得住诱惑。

（2）要有坚定的信念。世上没有随随便便的成功。任何事情都不可能一帆风顺，因而，在做事情的时候，如果遇到困难和挫折，千万不要气馁，也不要动摇和放弃，一定要有坚定的信念，这些困难和挫折是必不可少的，而且也是能够克服的。只要你有了想要成功的坚定信念，相信你不会被困难和挫折所打败。

（3）不要和别人比较。每个人的社会关系不一样，能力不一样，因此，在走向成功的路上所付出的努力也是不一样的。因此，不要随便和你周围的人做比较。如果与比你强的人比较，会让你产生自卑的情绪；和比你弱的人比较，会让你产生骄傲自满的情绪，这样对你的进步没有任何的帮助，还会影响你前进的步伐。

（4）要做到心无杂念。思维决定着行动，当你的心里胡思乱想的时候，你的行为也会受到一定的影响。这无益于你最终走向辉煌，反而成为你前进路上的绊脚石。因而，要想做到一心一意，就要做到心无杂念。事实上，也只有这样，你做事情的动力才会最大，态度才会最好，才能真正大踏步前进。

只要信念还在，何惧那些小困难

在我们的生活中，多多少少都会遇到困难，很多人在面对困难的时候，都会被困难吓倒。其实，不管是在生活的困境中还是在工作的挫折中，最大的困难并不是那些摆在面前的难题，而是我们自己的心。

现在的社会，竞争压力越来越大，人们的生活压力也随之增大，很多人一旦遇到自己解决不了的难题，就会自怨自艾，甚至有的人会选择轻生。面对这种情况，我们更要及时地进行自我调节，以此来使自己的精神状态保持在最好的层次上。越是在困难面前，我们越要学会调整自己的心态。

在面对困难的时候，要时常告诉自己，不就是个芝麻大小的事情嘛，有什么过不去的呢？当你有了这种积极的心态的时候，再大的困难在你面前也会变得渺小。

琼斯是一位新闻专业的学生，但他对自己的专业兴趣并不大，所以大学所修的课程也都是马马虎虎及格而已。大学毕业后，琼斯不想从事新闻工作，所以就打算找别的工作。自从毕业后，他也参加了很多面试和招聘，但都被人家以专业不符为由拒绝了。

无奈之下，他只好参加了当地报社的招聘，最后他考入当地的《明星报》担任记者。虽然自己不喜欢这份职业，但是为了生存，琼斯还是接受了。因为他明白，如果他放弃了这份工作，那他就会失去最基本的生存保障，毕竟现在就业压力很大，有很多人对他这份工作求之不得呢！

第一天上班，上司就交给了琼斯一个任务：采访大法官布兰代斯。当琼斯听到这个人名时，并不是欣喜若狂，反而是愁眉苦脸。因为这位布兰代斯是一位很有名气的人物，而且琼斯任职的报纸并不是当地的一流大报，更要命的是琼斯也只是一名刚刚出道、名不见经传的小记者，以这样的身份去采访这位大法官，他又怎么可能接受呢。

周围的同事们看到琼斯刚来上班，领导就交了这么重要的一项任务给他，觉得上司是很器重他的，对此，同事们也都很羡慕琼斯，可是琼斯不是这么想，他觉得是上司在故意刁难他。

看着同事们对自己的奉承，琼斯心里更是害怕完不成这份任务。他越想越害怕，甚至最后觉得自己根本就不是当记者的料。这时候，琼斯的同事史蒂芬在获悉了琼斯的苦恼后说：“我很理解你。让我打个比方，你好比躲在阴暗的房子里，想象外面阳光多么炎热。其实外面究竟如何，最简单有效的办法就是向外跨出一步。”

听完史蒂芬的话，琼斯明白了：你把困难想象得有多大，那困难就会变成多大。琼斯决定先跟布兰代斯的秘书联系一下，于是，就拨通了对方的电话，并直接向对方说出了自己的要求，最终他很成功地约到了布兰代斯接受采访。

自从这件事情后，琼斯在以后的工作中不管遇到多大的困难，都会时常暗示自己：“别让困难在你心中变大。”在这种心理暗示下，琼斯总是能够在面对困难时很好地调整自己，也总是能够以最积极的心态面对工作和生活。多年以后，昔日羞怯的琼斯成为了《明星报》的台柱记者。

生活在现实中的人们，不可以让想象中的困难吓倒自己。就像上面我们说到的琼斯一样，他刚开始在面对上司交给自己的艰难任务时，总是胡思乱想，甚至开始怀疑自己。可在后来，经过同事的开导，他明白了：在困难面前，你越是害怕，困难就会越大。

在明白了这个道理之后，他开始自己进行调节，而且会时常暗示自己：“别让困难在自己心中变大。”以这种心理暗示的方法来调整自己，进而使自己的精神面貌调整到最好，使自己更有信心去战胜困难。

现在的我们，不管是在生活还是在工作中，做事情或是处理问题，都总是瞻前顾后，越是害怕就越是不敢去做。其实在面对困难时，我们要学会单刀直入的办法，有很多事情，开始很不容易解决，但是只要你戳中要害，那就可以轻松顺利地解决。

一般来说，第一次克服了畏怯心理，下一次就容易多了。所以我们在面对困难时，要学会对自己进行心理调节，不要将困难在想象中放大一百倍，而是要时常暗示自己："别让困难在自己心中变大。"以这种心理暗示的方法来调节自己的心态，使自己能够更好地面对眼前的困难。

做事细腻，也别苛责于细节

很多人说自己对待生活很淡然，可是在别人看来，他们却一点也没表现出淡然，反而过多在乎世间的名利，在是是非非中间纠结不已。还有一些人为了向别人表现自己多么淡定，多么懂生活，故意制造轰动效应，然后矫情作秀。事实上，这两种人都不是真正淡然对待生活的人。那么，究竟要怎样做才算淡然对待生活呢？那就是多关注细节，细腻但是不能矫情。

有两兄弟先后下海做生意，不长时间，哥哥赚了很多钱，买了豪车别墅。在别人看来他的生活可谓是名利双收，再幸福不过了。可是，哥哥却一点也感觉不到快乐开心，反而整天忧心忡忡。

弟弟尽管很努力地工作，可是整整三年，不但没有赚到钱，反而欠下了一屁股的债，不得不四处躲避，过着流浪的生活。他的苦痛或许只有自己知道。他除了每天哀叹命运的不公平之外，似乎没别的事可做。

这天，哥哥慕名前来，向一位智者求教如何让自己快乐起来。在智者的住处，他意外地碰到了弟弟。和他的想法一样，弟弟也是来向智者寻觅快乐的方法的。两人见面，都愣住了，他们觉得对方应该是快乐的。

智者对哥哥说："你的痛苦来源于拥有，你总是担心别人会夺取你的名利，总是在和别人尔虞我诈，因而小心提防着身边的每一个人，这样你在拒绝别人的时候，也同时拒绝了快乐。如果你想要获得快乐，那么不妨放弃名利，做一个简单的人。"

哥哥听了，慢慢离开了智者的家。他觉得智者是浪得虚名，根本不能解决他的问题。

智者对弟弟说："你之所以不快乐，是因为你对生活产生了绝望，你不再相信自己，破罐子破摔，生活里没有了希望，自然活着很痛苦。如果你想要快乐，那么要做的就是要重新找回自己。"

听了智者的话，弟弟也是将信将疑。

三个月后，哥哥再次找到了智者，告诉他自己不但没有获得快乐，反而越加痛苦。智者问道："你真的放弃名利了吗？"哥哥不解地问："这些东西是我经过努力才得来了，放弃了我活着还有什么意思呢？"智者笑着说："那你现在觉得活得有意思吗？"哥哥这才明白了智者的意思。回去后，把自己的大量财富捐给了社会，找了一个僻静的地方安静地生活去了。

同样，弟弟也在三个月之后又找到了智者，他说："我依然很痛苦。"智者破口大骂，语言非常难听，弟弟的自尊心受到了伤害，他愤怒地责骂了智者，头也不回地走了。可是奇怪的是，回去之后，他找回了往日的自信。

故事里的两兄弟都不快乐，尽管他们不快乐的原因截然相反。在智者点拨之后，两人并没有从细节之处着手，而是空喊着口号，他们自然不能得到解脱。最后，在智者的帮助下，两兄弟一个放弃了社会的名利，过上了隐居的生活，另外一个则通过和智者吵架，找回了自信，也获得了快乐。可见，要想获得快乐，光有想法是不行的，关键还是要从细节上改变。那么，究竟如何才能做到这一点呢？

（1）从身边的小事做起。细节往往蕴藏在身边的小事中。可是，很多时候我们总是希望能在值得一提的事情上证明给别人看，却忽略了身边无关痛痒的小事情。事实上，越关注不起眼的小事情，越能说明你治得透彻。小事情上都能体现，那么大事情上自然没得说。因此，要想让自己真正做到淡然，不妨从身边的小事情做起。如果你能做到，说明你真的“无所谓”了。

（2）把好想法落实下去。很多人想法很不错，可是却总是在喊口号，并没有真正地落实下去，那么他的诉求自然没有办法达到了。比如故事中的哥哥，尽管很想超凡脱俗，可是却始终放不下名利，所以后来还是觉得痛苦万分。最后他把自己想要出世的想法落实了下去，因此而得到了解脱，得到了真正的快乐和幸福。

（3）不要随便向人告白。我们强调淡定，就是说要有一颗平常心去对待生活的欢喜和痛苦。那么，既然你想要表现得淡然一些，就不要随便向别人说你很淡然。如果你真的淡然，别人自然会看得出来。对待生活淡然一些，获得解脱的是你，也没有必要让别人知道。事实上，这个过程本身就很淡然。如果你到处对人告白，那么你的淡然也是假的。

参考文献

[1]叔本华.人生的智慧[M].韦启昌，译.上海：上海人民出版社，2018.

[2]叔本华.人生的智慧[M].陈利红，韦政希，译.武汉：华中科技大学出版社，2016.

[3]端木自在.心态决定一切[M].上海：立信会计出版社，2012.

[4]文德.心态决定人生心[M].北京：中国华侨出版社，2019.